東京タワー
ランドマークライト

東京タワー
50周年記念ライトアップ
ダイヤモンドヴェール

東京駅レンガ駅舎

東京港レインボーブリッジ

横浜ベイブリッジ

倉敷美観地区

姫路城

明石海峡大橋

白川郷合掌造りの集落

長野灯明まつり
善光寺　五色のライトアップ

函館
上：旧市役所、旧公会堂
下：明治館

浅草寺

横浜
上：横浜市開港記念会館
下：神奈川県庁

ハンガリー・ブダペスト
エリザベート橋

フィンランド・ヘルシンキ
ストックマン・
オルノ社の前で

ベルギー・ブリュッセル
レーザーアートパフォーマンス

香港 コンベンション&
エキシビションセンター

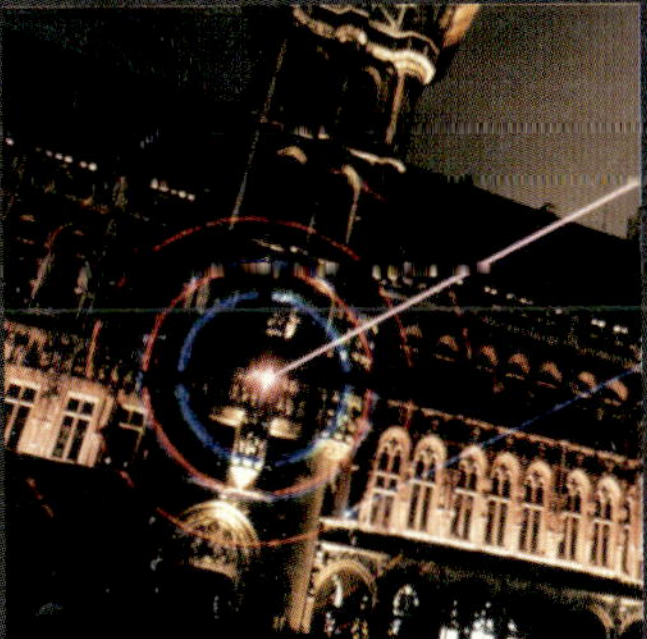

光都東京 LIGHTOPIA
皇居外苑の光のインスタレーション

イタリア・ローマ
イタリアにおける日本の夕べ JAPANITALY

平城宮跡
大極殿

ラ・セーヌ
ポンヌフ

ラ・セーヌ　ソルフェリーノ橋

フランス・パリ
ラ・セーヌ　日本の光のメッセージ
シテ島岸壁にて

スペースジュエリー

スペースクリスタル

スペースジュエリーのユニット

光が照らす未来

―照明デザインの仕事―

石井幹子 著

岩波ジュニア新書 666

はじめに

皆さんは、「照明デザイン」という言葉を聞いたことがありますか?

地球の一日は二十四時間。その半分は夜です。昼間は、燦々《さんさん》と太陽の光が降り注いでいろいろなものが見えますが、夕暮れとなり夜となると、すっぽりと暗い闇に覆われて、何も見えなくなってしまいます。そこに、ポツン、ポツンと明かりが灯《とも》って、人が住んでいることがわかったり、時にはライトアップされた建物があって、街の個性をつくっていたりします。そう、夜になって浮かび上がってくる夜景をデザインすることは、「照明デザイン」をつくる、「照明デザイナー」の仕事なのです。

照明が使われているのは、夜だけではありません。皆さんが休みの日に買い物に行くショッピングセンターやデパートでは、昼も明るく照明されていて、さまざまな商品が並んでいます。商品を引き立て、訪れる人を楽しくさせる雰囲気をつくることも照明の役割で、ここでも照明デザインが、とても大事になってくるのです。

劇場も照明が重要です。劇場では、ロビーやホールなどには外の光が入りますが、舞台と客席は、真暗な空間なのです。舞台には、さまざまな光や、光でつくられた色や形が入って、演劇や踊りなどのパフォーマンスを成立させます。そう、舞台に照明がなかったら、何も見えません。照明があることによって演劇や踊りをより魅力的に演出することができるのです。ここでも「照明デザイン」が不可欠ということがおわかりでしょう。

照明デザインの分野は、まだまだあります。私は最近、新しいオフィス照明をデザインしました。これは、朝から晩まで蛍光灯《けいこうとう》で真白に光らせるただ明るいだけのオフィスではなく、自然の光に合わせて人に優しい照明をデザインした、一年間の日の出と日の入りを組み込んだ新しいシステムなのです。働く人の健康を守りたいという気持ちから、このオフィス照明システムは開発されました。これらのお話や、さらにさまざまな照明デザインの仕事について、詳しくは、本文の中で紹介しましょう。

光が人の暮らしをもっと快適に、美しく、楽しくすることができると私はいつも考えているのですが、それを実現するのが照明デザインなのです。照明デザイナーという職業は、まだ始まってから半世紀にしかなりません。新しい職業ですから、まだまだ発展の途中ですが、地球の一日が二十四時間であるかぎり、この仕事には可能性がたくさんあるのです。

いま、環境問題に大きな関心が集まっています。若い皆さんがこれから生きていくには、二酸化炭素の削減やその他さまざまな地球環境への配慮が必要になってきます。私も、環境問題にはとても関心を持っています。そして、照明デザインを通して、できるだけのことをやりたいと考えています。

「創エネ・少エネ」というのは私が好きな言葉です。エネルギーを自分たちで創り、「省エネ」というより、「少エネ」でできるだけ少ないエネルギーを使って、美しい暮らしと優しい街をつくっていくことを願っているからです。

環境問題に関心のある人、美しいものをつくることに興味のある人、地球や人のために何かをやりたいと思っている人に、私は「照明デザイン」というのは、適した仕事ではないかと考えます。

さて、前置きが長くなりました。これから皆さんを、照明デザインの世界にご案内しましょう。最後まで読んでもらえたら、私はとても嬉しいです。

目次

目　次

カバー，本文デザイン…仁川範子
編集協力…(有)アトミック　祐川巨望　沖津彩乃

序章

照明デザインの仕事とは?

1. 東京タワー・ライトアップ

これから、私の照明デザインの作品を皆さんにご紹介したいと思います。

まず、一番なじみの深いものは、何といっても「東京タワーのライトアップ」でしょう。

東京タワーは一九五八年に、電波塔として建てられました。時はちょうど、第二次大戦後の復興の時でした。まだ高層ビルがほとんどなかった時代でしたから、東京タワーの鉄骨が段々と建ちあがっていくことは、日本の明るい未来を象徴しているかのようでした。

完成後、東京タワーは、東京を訪れる人たちの観光名所として賑わいましたが、数十年経《た》つと周辺に高層ビルも増えて、目立たない存在になってきました。

そこで、一九八五年頃、当時の東京タワーの社長、前田福三郎氏が考えたことは、ライトアップをして東京タワーを再び人気スポットにしたいということでした。

その当時は、ライトアップ――すなわち建物や橋や塔などに光を当てて夜の景観を美しくする照明――は、今日のように当たり前のことではありませんでした。

ヨーロッパやアメリカの都市では一九二〇年代から行われていた、夜景を美しく彩るライトアップは、日本では長いこと「電気の無駄遣《むだづか》い」と白い眼で見られていたのです。

ヨーロッパで照明デザインの勉強をした私は、ライトアップは電気の無駄遣いではなく、省エネルギーを踏まえながら行えば、新しい価値を生む新しいデザインの分野であると信じていました。

これを実践して一般の人々に理解してもらうのには困難な道のりを歩みましたが、このことは、後にお話しましょう。

さて、東京タワーからライトアップの依頼を受けた私は、念願かなってライトアップを実現できることを喜びました。

まず、東京タワーをいろいろな場所から観察しました。タワーの近くの公園や新橋のあたりから、渋谷や東京駅の近くから、そして八キロメートル離れた池袋のサンシャイン60のあたりから見てみたのです。

よく東京タワーはパリのエッフェル塔に比較されますが、一九世紀のフランスの威信をかけて鉄を豊富に用いたエッフェル塔に比べると、戦後の資材が乏《とぼ》しい頃に一生懸命に鉄材を集めてつくった東京タワーは、細く貧弱な感じはいなめません。当時、東京タワーを美しいという人は誰もいませんでした。

東京タワーを見ているうちに、私には野心が湧いてきました。照明することによって、

「昼より夜美しい」と言われたいと思ったのです。

そして、何か日本の文化に根ざしたライトアップができないかと考えました。もちろん、できるだけ省エネを行うよう、効率よい光源(直接光を出す電球や蛍光灯などの発光体)を用いるのは当然のことです。

日本の文化は、常に自然と季節の移ろいに敏感です。日本独自の文芸である俳句は、季節感で成り立っている独特のものです。

これまで、世界各地にあるライトアップはいつも同じで変わらぬ光を対象に投げかけていました。

「そうだ、日本のライトアップには季節感を入れよう」

と私は考えたのです。

東京タワーのライトアップには、二つの光の衣を用意しました。一つは夏の衣。涼し気な冷白色の光を用います。もう一つは冬の衣。橙色系の暖白色の光で照らし上げるのです。こうすることによって、より日本らしい光の表現ができると私は考えたのでした。

一九八九年の一月一日、東京タワーのライトアップが点灯されました。オレンジ色の光に照らし上げられて、東京タワーは新しい輝きに包まれました。闇の中に埋もれていて、夜にはまったく目を引かなかった東京タワーが、忽然《こつぜん》と姿を現したのです。

折しも、昭和天皇の崩御《ほうぎょ》が伝えられ、東京タワーは一週間後、喪に服して消灯しました。

そして、年号が昭和から平成に変わり、再び点灯された東京タワーは、新しい時代の幕明けとして、大勢の人々の目に映ったのでした。

「平成の世になって、夜空を見上げたら、東京タワーが明るく輝いていた！」

と人々は感じたのです。

東京タワー

さあ、それからが大変です。夜になると、東京タワーを見ようとする人が大勢、タワーの足許《あしもと》に集まって来ました。周辺の道路は車がひしめき合って、大混雑です。
テレビや新聞、週刊誌などのメディアも、大きく報道しました。忘れられていた東京タワーは、一気に人気を取り戻しました。展望台に登る人の行列が続きます。

「照明の効果を証明！」

当時のスポーツ紙を飾ったキャッチコピーです。

「東京タワー現象」という言葉もできました。東京タワーが見える港区のマンションや事務所は大人気となりました。観光パンフレットや東京土産《みやげ》のパッケージデザインにも東京タワーの夜景が使われました。


二〇〇八年十二月に、東京タワーは、満五十歳を迎えました。その記念ライトアップを、再び私がデザインしました。

まず、これまでのライトアップの投光器を刷新《さっしん》して省エネ型のものに変えて、「ランドマークライト」と命名しました。ランドマークというのは、その街の代表的な建造物という意味です。点灯して以来、大勢の人に親しまれ愛されてきたライトアップは、夜のランドマークとして認められたと思ったのです。

さて、五十歳の誕生日にどんな光をデザインしたらよいのでしょうか。東京タワーは、よく女性にたとえられます。「裳裾《もすそ》を拡げた貴婦人のよう」と言われたこともあります。

そう、貴婦人の五十歳の誕生日なら、ダイヤモンドがふさわしいと、私は考えました。そこで新しく生まれたのが、「東京タワー・ダイヤモンドヴェール」です。今までのライトアップに加えて、ダイヤモンドを散りばめた大きなヴェールが、すっぽり東京タワーを覆ったようなデザインとなりました。

「ダイヤモンドヴェール」は、いつも点灯されているわけではありません。祝祭日や週末の夜八時から十時まで、点灯されます。

天空や下方への光をおさえ、横方向にはできるだけ光が延びるように、器具は特殊な配光制御を行っています。ダイヤモンドの白色光だけではなく、エンジェル・レッド、リボン・ゴールド、ピュア・グリーン、アクア・ブルー等と名付けられた七色が加わります。

この新しいライトアップも、人気を博しました。観光客の訪れも増え、特に最近では外国人の来訪者が多くなりました。

東京タワーの夜景が大好きという人は、今も増え続けています。こんな大きな変化を創り出した、「照明デザイン」を仕事に選んだことを、私は本当に幸せと思っています。

光は新しい時間と空間をつくり、地方の街に活気をつくり出します。そんな例をご紹介しましょう。

2. 長野　善光寺　五色のライトアップ

長野市に善光寺《ぜんこうじ》という大きなお寺があります。平安時代から続くお寺で、さまざまな宗派が集まって運営されており、全国から信者さんがお詣《まい》りにきます。

一九九八年の冬季オリンピックの開会式は、このお寺の鐘の音から始まったので覚えていらっしゃる方も多いでしょう。

二〇〇二年のある日、私の事務所に長野青年会議所(地元の青年有志によるボランティア活動を行う団体)の主だったメンバーの人たちが訪れました。

「先生、オリンピックの五周年になる来年の冬に、善光寺さん——地元の人たちは敬意をこめてさん付けで呼びます——をライトアップしたいのです。ぜひお願いします。でも予算は少ししかありません」

皆さん熱心に話をして深々と頭を下げるのです。だんだん、私にも地元の熱意が伝わってくる心をこめた説得でした。

「一度、ぜひ長野に来てください」

長野灯明まつり　善光寺 五色のライトアップ（本堂）

長野を訪れて善光寺を拝見した私は、その堂々たる威風を放つ木造の本堂に感動し、門前に続く宿坊《しゅくぼう》のたたずまいに好感を持ちました。このお寺は誰にでも開かれていて、境内《けいだい》には外を仕切る垣根もなく、いつでも誰でもお詣りできるようになっているということでした。

主要な建物は本堂、山門、仁王門の他に経堂《きょうどう》や鐘突堂《かねつきどう》などがいくつもあって、この建物群を少ない予算でライトアップすることは、とても大変だと思いました。

でも、ライトアップする期間は短くて、一月の十日間のみです。こんな時には、コンセプトをストレートに強く表現するのがよいと心に決めました。

そうだ、五つの建物を選んで五色でライトアップしよう！　オリンピックの五つの輪の色でもあり、仏教の教えを表わす五色で鮮やかにライトアップしたら、今までに見たこともない美しい光景になるのではないか！と私は思ったのです。

しかし、これは冒険でした。今までやったことのないことにチャレンジするのですから。加えて、長野の冬は寒く、二月の夜などは普段は人通りもない淋しい街なのです。しかも今までにまったく実績のない初めてのイベントですから、どれだけの人が来てくれるのかまったくわかりません。

でも、私には何か確信に満ちたような気持ちがありました。善光寺さんは、「善《よ》き光のお寺」と書くのですから、美しい善い光があれば、大勢の人が来てくれると思っていました。大きな入母屋造《いりもやづく》りの本堂は真紅に、その手前にある山門は深緑に、参道に続く仁王門は黄色に、そして青と紫を本堂の両側面に各々配色しました。

前日の器具設置を終えて、イベントの実行委員の人たちが集まってきました。みんな青年会議所の三十代の人たちです。普段威勢のよい元気な人たちが、この時ばかりは、みんな打ち沈んで深刻な顔をしていました。

「先生、明晩本当に人が見に来てくれるでしょうか。どうも心配でたまらなくなりました」

「いやー、どう考えても、この実行委員の家族と友人ぐらいしか来ないのではないか、と思うと気が気ではありません」

みんな心配で打ち沈んで下を向いています。

「大丈夫。絶対に人は来ますよ!」

と私一人安心した顔で、みんなに言いました。

「美しい光に人は集まるものですよ」

さて、当日の夜となりました。空気は冷たく澄みきっています。お堂の屋根には、うっすらと雪が冠《かむ》っています。

真紅、深緑、黄、青、紫と五色の光が次々と点灯されました。

「オーッ!」

という歓声がおきました。すぐ隣で見ていた中年の女性が、真紅に染まった本堂に思わず手を合わせているのです。それを見て、私はほっとしました。私の唯一の心配は、宗教建築にふさわしくないライトアップと一般の人々に思われることだったからです。

テレビや新聞に紹介されたこの「善光寺 五色のライトアップ」は、次の日から初詣を上まわるような人出となりました。人から人へ話が伝わって、家族づれやお年寄までが来てくれたのです。

「善き光の寺ですもの。美しい光に人は集まるって本当だったですよね」

私の言葉に、今や笑顔となった実行委員会のメンバーたちもうなずきました。

大成功で終わったこのイベントは、次の年から「長野灯明《とうみょう》まつり」と名付けられて、毎年行われる盛大な催しとなりました。人出も増えて、十日間に七十万人という驚くほどの人々が見に来てくれます。この間、夜になると人通りがほとんどなかった長野の街は大賑わいです。お土産屋さん、そば屋さん、レストランにホテルと経済波及効果も上がって、地元の人たちにも喜ばれています。

今まで、闇の中に眠っていたものが、光によって甦《よみがえ》り、地元を活性化させたのは、光の大きな力のおかげと私は考えています。

3. 明石海峡大橋・橋のライトアップ

私はこれまでに、いくつもの橋のライトアップをしました。

最初の作品は、横浜ベイブリッジです。橋の建設に際して、橋の色彩を決めるのに景観委員会が開かれ、純白色に決定したと聞いた時、私はこの橋をライトアップしたら、きっと素晴しい夜景になるだろうと思ったのでした。

その後思いがけず、橋の事業主である首都高速道路公団から、「橋のライトアップをやってほしい」という依頼を受けた時には、とても嬉しかったのです。

橋の下は、水面になっています。特に港にかかる橋は、背景が海になっているので、ほどよく暗く、橋の明かりが直下の水面に映り込むと、水上のライトアップも加わって、美しい景観になるのです。

まして、横浜ベイブリッジのように、八百六十メートルという長さを持ち、しかも真っ白に塗られているというのは、照明デザインを行うのに、とても良い条件なのです。

白い橋をただ真っ白い光で照明するだけでは面白味がないと考えた私は、橋の構造体となっている二本の主塔の上の方を、一時間に一回、十分間だけブルーの色光で照らす案を作りました。

横浜市のテーマカラーはブルーでしたし、かつて「ブルー・ライト・ヨコハマ」という歌が流行したこともあって、横浜港にブルーの色は似合うと、一般の人々の賛同も受けやすいのではないかと考えたのでした。

さまざまな技術面の難関をクリアして実現した、主塔の先端を品の良いブルーに短い間染めるライトアップは、完成後大人気となりました。週末の夜は、見物の車が大渋滞《じゅうたい》を起こすほどでした。

ブルーライトは、大変好評だったために、その後、一時間に毎正時と毎三十分の二回だけ、約十分間点灯されるようになって、今日に至っています。

その後、私はベイブリッジのすぐ隣にある鶴見つばさ橋や、名古屋港の中央大橋、東大橋、西大橋という三つの橋や、東京湾のレインボーブリッジのライトアップを手掛けました。

世界最長の吊り橋である明石海峡大橋のライトアップに関わったのは、完成の六年前からでした。兵庫県の神戸市と瀬戸内海の淡路島をつなぐこの橋は、全長四キロメートル、主塔間の距離二キロメートルという、これまでに類を見ない長さなのです。二位のデンマークのグレートベルト・イースト橋は、主塔間が一・六キロメートルですから、いかに大きなものかがおわかりでしょう。

はじめて、橋がかかる予定の現地に行った時、明石の湾岸から淡路島ははるかに遠く、霞がかっていて、はっきりと見えないほどでした。こんなところに本当に橋がかかるのだろうかと、疑問に思ったほどの長さだったのです。

このような大プロジェクトの仕事は、建設のスケジュールに合わせて、照明のデザインも長い月日がかかります。まず、周辺の見え方の調査をして、いくつもの案を作成して、建築主である公団や橋梁《きょうりょう》の専門家などで構成される委員会への説明を経て、決定されます。

明石海峡大橋

橋梁の建築に携わるエンジニアとの打ち合わせも欠かせません。さまざまな分野の人たちと協力しながら、具体的なデザインの案を一歩一歩進めていくという息の長い仕事となります。

さて、徐々にアイディアを絞り込み、照明器具の配置も決まり、ケーブルにつけるイルミネーションの色光も決定したところで、大事件が起きました。

一九九五年の一月十七日の早朝、大地震が起きたのです。「阪神・淡路大震災」と名付けられたもので、何と地震の震源地は淡路島の横に立つ明石海峡大橋の主塔の一本のすぐ近くだということでした。

橋は完成すれば、大地震にも充分に耐えられる構造となっています。しかし、建築途中の橋は、本当に大丈夫かと関係者は心配しました。しかし、何も被害がなかったということを聞いてみんな胸をなでおろしました。

すぐに、被災地の大災害のニュースが伝わってきました。亡くなった大勢の人たち、崩壊したり火災にあった家々……。こんな時には、きっと明石海峡大橋の照明は中止になるのではないか、と私は不安でした。

ところが、まったく正反対のことが起きたのです。被災地の復興を願う大勢の地元の人たちから、「こんな時だからこそ、橋の照明は持てる力を十二分に発揮してほしい」という熱い要望が寄せられたのです。

県や市の呼びかけで集まった地元の団体の代表者や有志の大勢の人々から、逆に私は励まされ、皆さんの期待を担って、より華やかで美しい光をデザインすることに邁進《まいしん》したのでした。

二本の主塔のライトアップに加えて、長い橋桁《はしげた》にも光を入れました。橋の構造体である二本の主塔から橋桁を支えているケーブルには、たくさんのイルミネーションがつけられました。この光には、無電極ランプという新しい光源がつけられました。この光源の赤緑青の三色が一つの器具に入っていて、コンピュータによってプログラムされて、さまざまな色の光をつくることができます。

毎正時と毎三十分に、ケーブルイルミネーションは、虹の色で輝きます。光はゆっくりと色を変えながら、四キロメートルの橋を彩ります。

その他に、季節や祝祭日に合わせた光の演出もつくられました。

竣工して、光が灯った明石海峡大橋には、たくさんの観光客が訪れるようになりました。橋を渡ったところにあるサービス・エリアには、いつも観光バスが連なって駐車しています。

地元の人たちの要望にこたえられた私は、この大仕事に携われたことを、心から嬉しく思いました。

この橋の照明は、今でも阪神・淡路大震災の日には、光を半減させて亡くなった人たちへの哀悼の意を表しています。

光は喜びと共に、悲しみも表すことができるのです。

東京タワー、善光寺 五色のライトアップ、明石海峡大橋と、私の代表作三つをご紹介しました。照明デザインがどんな仕事なのか、皆さんにもおわかりいただけたと思います。

第1章

将来を考え続けた学生時代

I　私が生まれ育った時代

1．小学校に入るまで

私が生まれた一九三八年は、日本に暗い戦雲がたちこめてはいたものの、まだ太平洋戦争がはじまる前でした。

東京の文京区駒込で生まれた私は、父と母にとって初めての子どもであっただけでなく、当時は大家族だったので、一緒に暮らしていた祖母、叔父たち、叔母にとっても、この家で初めて誕生した赤ちゃんでした。というわけで、私はみんなにとっても可愛がられて育ちました。

その頃は、ほとんどの人が大勢の家族と共に暮らしており、一家の主《あるじ》はとても大きな存在だったのです。祖父は亡くなっていたので、父がすべてを仕切っていました。二十歳の時にお見合い結婚した母は、新しい家族に入っていろいろなことを学びながら慣れていったことでしょう。

東京はさまざまな地方から出てきた人たちが住んでいるところですから、どの家も郷里の習慣や言葉や味の好みを色濃く残していました。例えば、お正月に食べるおせち料理やお雑《ぞう》煮《に》は、出身地によってみな違っていました。今のように、スーパーやデパートでおせちを買うことはなかったので、当時の人たちのほうがずっと個性的な暮らしをしていたように思えます。

幼い時は、庭や家の中で一人で遊んでいました。近所に小さな子どもがいなかったので、友達がいなかったのです。私は買ってもらったり、家を訪ねてきたお客さんから貰ったりするおもちゃにはあまり興味がなかったようで、もっぱら好きだったのは、絵本を読むことと、もう一つは戦争ごっこでした。ヘルメット(当初は鉄かぶとと言いました)をかぶって、先に剣がついた長い銃を肩にかけ、

「トツゲキー!」「伏せ!」

と仮想の敵を追っていたのです。

今のようにテレビのない時代に、なぜ小さな子どもがこんな遊びに夢中になっていたのかと思うと、おそらく、大人たちが話をしているのを聞きながら、戦争ごっこはとても格好のよい遊びと子ども心に思ったのでしょう。時代の空気が子どもに与える影響の大きさに驚きます。今のように、テレビやゲームなど、リアルなものが氾濫《はんらん》している時代に、子どもへの

影響の強さは、いかほどのものかと考えてしまいます。

幼稚園に入ると、友達がたくさんできました。私は、お茶の水女子大学の付属幼稚園に通うようになりました。当時、私は東武東上線沿線の常盤台《ときわだい》に住んでいたので、電車で池袋へ出てそこから市電(路面電車をこう呼んでいました)で大塚窪町《くぼまち》まで乗って、幼稚園に通いました。五歳の子どもにとっては随分遠いところまで、毎日行くことになったのですが、付属幼稚園に入れることは父の希望だったそうです。

同じ常盤台に住む子どもたち三人を、それぞれの親が交代で幼稚園まで連れて行きました。帰りも同じように迎えがありました。しかし、この通園はだんだんと厳しいものになってきたのです。日本は太平洋戦争に突入して暮らしの中に暗い影を落としていきました。私たちは防空ずきん(空襲の被害を避けるための、綿の入った頭にかぶるもの)を持ち、布製の名札を胸に縫《ぬ》いつけた服を着て幼稚園に行くことになりました。

幼稚園の年長組になると、私の家にも大きな出来事が起こりました。父が出征《しゅっせい》したのです。華やかな送別の宴《うたげ》が続いた後、父は家族や親戚や友人に見送られて戦地に赴《おもむ》きました。

食物はだんだん乏しくなっていきました。灯火管制がはじまって、電灯の笠は黒い布で覆いわずかな光が直下だけに出るように工夫されました。上空から敵の飛行機に見えないようにするためです。

ある朝、幼稚園に行く途中、大塚窪町の停留所を降りて正門をくぐった途端、警戒警報とサイレンが鳴り出しました。一緒に通っていた友達は大声で泣き出しました。私は一文字に口を閉じ、二人で手をつないで一目散に幼稚園へと走りました。警戒警報の後に鳴るサイレンは空襲警報で、こうなると敵の飛行機が爆弾を落とすのです。もう幼稚園へ行くどころではありませんでした。

その頃、私には弟が二人いました。私が生まれた時に大勢いた家族も、祖母は亡くなり、二人の叔父は出征し、叔母は結婚して家を出たので、母と私と幼い弟二人の四人家族となりました。

食料事情も悪くなり、配給の食物だけではとても暮らせなくなりました。心配した母方の祖父の計らいで、私たちは遠縁の親戚を頼って、疎開《そかい》することになりました。住みなれた家、大勢の家族に囲まれて幸せだった時代に別れを告げて、私たち家族は茨城県石下《いしげ》町（当時——現在は常総《じょうそう》市）に移りました。鬼怒《きぬ》川のほとりの、田んぼが広がる田園地帯でした。

2. 小学校——戦後の混乱期

一九四五年の四月、私は疎開先の茨城県石下町の国民学校(当時はこう呼びました)に入学しました。

学校は、疎開先の家から田んぼの中の畦道《あぜみち》を歩いて十分位のところにある、木造の校舎でした。当時皆が着ていたモンペ(ぶかっとしたズボン)を作ってもらって、はいて行きました。

疎開して東京から来た子どもは私一人でした。困ったことに、言葉がほとんどわからないのです。テレビがなく、ラジオ放送もニュースぐらいしか聞けなかった時代でしたから、地方ごとに方言が強く残っていて、日常の会話はすべてその土地固有のものでした。

「ちくらっぽうこけ!」

これは「嘘つけ」という意味なのです。先生が教壇で話す言葉はかろうじてわかりましたが、生徒たちとは話をすることができませんでした。でも、小さい時から一人遊びが好きな私はあまり苦になりませんでした。借りていた家が、土地の地主さんの離れだったので、きっと敬遠されていじめの対象にならなかったのでしょう。

八月十五日の終戦の日、みんなが地主さんの母屋《おもや》の広間に集まって、ラジオを聞きました。これも何を言っているのかよくわかりませんでしたが、母が、

「戦争が終ったのよ」

とぽつりと言ったので、これで出征している父が帰ってくると嬉しかったのは憶えています。東京の様子が多少落ち着いてから、私たちは再び常盤台の家へ戻りました。そして、近所の常盤台小学校へ通いました。小学校は満員の状態でした。疎開から帰ってきた子どもに加えて、焼けて使えなくなった他の小学校の子どもたちも加わったからです。校庭で行う朝礼には、手も伸ばせないほど大勢の子どもたちがいる有り様でした。授業は午前と午後の二部制。教科書はなく、勉強どころではありませんでした。

翌年四月になって、お茶の水女子大学の付属小学校が再開され、付属幼稚園に行っていた私は復学できました。しかし、通学は以前にも増して大変でした。電車が予定通り来ないと思ったら、貨車が着き、これに乗って池袋まで行ったことがあります。

お茶の水女子大学の付属小学校の校舎は、焼けずに残っていました。隣の幼稚園も無事でした。

二年生の新学期が始まったものの、教科書はありませんでした。ある日、ガリ版刷り(ロウを引いた紙を原紙とした簡単な印刷)の古びた茶色の紙がなぜか配られました。これが国語の教科書でした。家で綴《と》じて表紙をつけてくるようにということでした。

私の家は戦禍《せんか》を免れたので、幸い家には千代紙が残っていました。千代紙で表紙をつけて、手製のきれいな教科書を作りました。内容はとても難しく、読めない漢字がたくさんあって困りました。でも学校で習ったのはもっとやさしいものでした。きっといろいろ混乱があったのでしょう。

四年生になって歴史を習った時に、昔日本には「ひみこ」という女王がいたと聞きました。早速、家に帰って母に確かめたところ、母は大変驚いて、「そんな話は聞いたことがない」と言いました。母の時代には、日本神話からはじまって、歴代の天皇の名前を覚えたそうです。母は本当に時代が変わったのだと痛感したようでした。

同じく四年生の時、私たち家族に悲しい知らせが届きました。出征して満州に行き、終戦後消息を絶っていた父が、シベリアの捕虜《ほりょ》収容所で、終戦の翌年の春に亡くなったというのです。死因は、過酷な労働と、粗末な食物しか与えられなかったことによる栄養失調での衰弱死ということでした。

待ち続けた父がもう戻ってこないということは、私にとって大変悲しいことでした。信じられない気持ちで、もしかしたら突然帰ってくるのではないかと、心の中では待ち続けたのでした。

幸い母方の祖父が健在だったので、私たち家族は、その後祖父の庇護《ひご》のもとに暮らしました。広かった常盤台の家から、母が三人の子どもを育てるのに適した豊島区の小さな家に引越したのです。

これからは、母を手助けして、幼い弟たちを守らなくてはいけないと私は考えました。しかし、実際には元気な母が一人で何でも引き受けて、私はあまり手伝うことはなかったようです。

小学生の頃

小学校時代に私が好きだったことは、本を読むことでした。戦後は本を買うことは難しかったので、家にある本を手当たりしだい読みました。ほとんどの漢字はカナのふってある本で覚えました。

五年生から学校の図書委員になり、いつでも好きなだけ本が読めるようになりました。家での私はいつも本を読んでいるおとなしい子どもでした。本の中の世界に入って、私は父が亡くなった淋しさをまぎらわしていたのでしょう。

3. 中学校――明るい希望

一九五二年に、私はお茶の水女子大学の付属中学校に入りました。小学校のクラスは女子だけでしたが、中学は男女共学でした。校舎は戦後建てられた木造の二階建てなので、元気の良い男子生徒が階段を駆け上がったり廊下を走ったり(本当は禁止されていたのですが)すると、建物はギシギシ揺れました。

おそらく、戦後の民主主義教育の成果が出はじめていたのでしょう。学校は明るい希望に満ちていました。女性も選挙権が得られ、男女平等が声高にうたわれました。

先生方は、男女共に若い人が多く、ホームルームという話し合いをする時間が設けられていて、自由に自分の考えを発言することができました。生徒会の活動も活発で、会長選挙が近づくと立候補する人を応援したりと、何かアメリカの学校の制度をそのまま取り入れたような感じでした。

日本の古いもの、伝統的なものはすべて良くないと否定されました。アメリカの映画がたくさん封切られ、美しい色彩のある映像(それまでの映画はモノクロでした)と、ものに溢《あふ》れた豊かな生活や流線型の自動車に目を見張ったものでした。そう、アメリカは豊かな文化と輝かしい文明の国として憧れの存在だったのです。

英語の授業も始まりました。アルファベットを使っての読み書きは、楽しいものでした。先生は若い女性で、生徒に絵を描かせて物語を作らせ、それに簡単な英語のストーリーを書かせるといった、面白い授業になるような工夫をしたりして、何とか英語を好きにさせようと懸命でした。

私は相変わらず本を読むのが好きだったので、図書委員となり、毎日図書室に入り浸っていました。

付属中学校は、もともと女子だけの学校だったせいか、成績のトップはいつも女子が占めていました。ですから、男子に対して劣等感を持つどころか、女子のほうが頭が良いと思っていたくらいです。

校内には暖房はなく、冬になると室内は寒かったのですが、生徒たちは元気いっぱいでした。炭を使ってお弁当を温める暖飯器というものがあり、私たちは登校すると持ってきたお弁当を暖飯器の棚に置きます。こうすると昼までに炭火で暖まって、温かいご飯が食べられるのでした。

食べる物も着る物も貧しいものでしたが、皆明るい希望に溢れていました。

男女平等で、女性だって何でもなれる、というように、将来に対する明るい夢を誰もが持つようになっていました。これも時代の気分が子どもたちに反映していたのでしょう。日本の戦後の混乱も、ようやく一段落して、これからの発展を望める時期になってきたのでした。

将来は何になりたいというのが、親しい女子生徒が何人か集まったときの話題となりました。

「私はお医者さんになりたい。勉強して世の中のため、人のために尽したい」

というA子さん。当時はお金を儲《もう》けたいから医者になるという考えの人は一人もいませんでした。

「私は弁護士さんになりたい。弱い人を助けて、悪い人を倒すのよ」

とB子さん。彼女は正義感に燃えていました。

「私は大学の先生になりたい。何か特別な研究をして学問を追求したいの」

とC子さん。彼女の父親は、有名な大学教授でしたから、きっと父親のようになりたいと思ったのでしょう。

「私は発明家になりたい」

と言ったのは、私です。小学校の時から理科が好きでした。特に実験は大好きでした。それから、何か工夫して考えることも大好きだったのです。でも、よく考えてみると発明家という職業は世の中にはなさそうだということがわかりました。

一方、絵を描くことも小学校の頃から好きで、上手と言われて、よく校外のコンクールなどに学校を代表して出品したり、描いたポスターが入賞したりしましたが、私は自分が将来、画家として成功するほど絵が上手とは思えなかったのです。

画家になるというのは、おそらく天才的に絵が上手な人なのだろうと思っていて、私程度の才能ではとてもプロの画家になることなど、あり得ないと思っていたのです。

子どもは自分なりに自分を評価するのです。それもクラスメートの一人一人と自分を比べてみて、かなり客観的に自分を見ていたように思います。

「自分に合った職業っていったい何なのだろう？」

女性が将来、何にでもなれる、ということが可能になってきた時代の中学生であった私は、その頃から自分は大人になったら何をしようかと考えたのでした。

４．高校生になって――挫折を味わう

中学校から引き継ぎ進学したお茶の水女子大学の付属高校は、女子だけの三クラスでした。いわゆる戦前の良妻賢母を育てるという校風が根強く残っていました。先生方は、ほとんど

年配の女性で規律に厳しく、服装や身だしなみ、座り方まで時には細かく注意されました。

私は、あまりスポーツが得意ではなかったのですが、何かクラブ活動に所属しなくてはならない決まりがあったので、テニス部に入りました。部員は多く練習がハードだったわけではありませんが、それでも練習を続けました。無理に運動をしたせいでしょうか、高校一年生の夏に発熱し、高熱が数日続きました。診断は筋肉リウマチということでした。右足のつけ根がはれて、熱が下がった時には、左右の足の長さが違っていました。もちろん、ちゃんと歩くことができません。私は、「この先松葉杖をつかなくてはいけないのかしら。学校には行けるのかしら……」、という不安に襲われました。

今のように車が身近にあるような時代ではありません。学校までの道程を杖《つえ》をついて歩いて行くことを考えると、途方に暮れたのでした。

母に励まされて、私は二カ月ほど経つと、何とか歩けるようになって復学しました。でも二カ月も休むとその間の勉強も追いつかなくてはなりません。

ところが、私を襲った病気はそれだけではありませんでした。夏休みも終わりに近づくと、今度は体がだるく夕方には微熱《びねつ》が出るようになったのです。早速、病院へ行って検査をすると、肺結核の初期ということでした。

肺結核は今でこそ不治の病ではなくなりましたが、長いこと人間の命をおびやかしてきた病気の一つです。明治以降でも、随分大勢の人が肺結核で亡くなりました。正岡子規(明治の著名な俳人)、樋口一葉(明治の女流作家)、滝廉太郎(明治の作曲家)等々……。みんな二十代、三十代といった若さで世を去っています。

戦後は抗生物質が発見されて、大勢の人の命が救われたのでした。

幸い私は軽い症状だったので、抗生物質の注射を受けて安静にしていました。それでも伝染力の強い病気なので、秋から東京近郊の病院へ入院しました。病室の前はテラスになっていて、その向こうには茶畑が広がっていました。

家族や友人から離れて、いったいいつまでここに居なければならないのだろうか、と私は心細い気持ちでいっぱいでした。勉強をすることも、本を読むことも禁止されていたので、私は毎日ぼんやりと雲を見て過ごしました。青い秋の空に広がる雲は、いつも形を変え、ゆっくりと時には早く動いて行きます。

「何てきれいなんだろう。何て不思議なんだろう」

私は飽きずに雲を見ていました。特に夕暮の空――刻々と色を変える夕方の雲の美しさは、また格別でした。でも、学校のみんなはどうしているのだろうか。勉強は随分進んでしまったのではないか、と考えても意味のないことのように思えたのですが、とても気になりました。友達からはお見舞いの手紙をもらいましたが、元気な同級生の日常は、まるで別世界のように感じられて、ますます淋しくなったものでした。

お正月を過ぎて退院した私は、その後自宅で療養し、何とか四月には復学することができました。でも、出席日数が大幅に足りなかったため、二年生に進学することはできませんでした。もう一度、一年生になったのです。

幼稚園や小学校から長い間、仲の良かった友人たちはみんな二年生で、私の周りは知らない人ばかりでした。一年上から降りてきた私に、新しく同級生になった人たちは、なかなか打ちとけてはくれませんでした。

こんな時、一つの嬉しい出来事がありました。中年のアメリカ人の女性が、英語の先生として週一回だけ授業をしてくださることになったのです。敬虔《けいけん》なクリスチャンのこの方は、敗戦国の日本で教育に携わることに熱心だったのです。先生は一人一人の生徒に優しく接してくれました。

クラブ活動の英語部に入ると、この先生にもっと教えてもらえるということを知り、入部しました。私はまだ病後の身だったので、スポーツをやることは許されなかったのです。週一回の英語部の会合で、私たちは先生を囲んでなごやかにお茶をいただきながら、会話の手ほどきをうけました。

時には、先生の住まいに招いていただいたこともあります。学校から歩いて十五分ほどの大きな日本家屋に住んでおられて、私たちは靴をはいたまま、畳の上に敷かれた絨毯を踏んで椅子に腰かけ、クッキーと紅茶をいただきました。

翌年、先生は帰国されました。その時には、何人もの生徒が別れを惜しんで泣いたほど、先生はみんなに慕《した》われたのです。私にとって、初めて接した外国の方でした。

Ⅱ　将来、何になる？

1. 仕事を持ちたい！

高校一年生に復学した私の大きな関心事は、将来、何になるかということでした。

大人になったら何をしたらよいのだろうか、いったい自分は何になりたいのだろうか？

これは難問です。

当時、男女同権とはなったものの、社会で活躍している女性は稀《まれ》でした。当時の女性の職業は学校の先生ぐらいで、他には女医さん、女性の作家や画家といった文化人の道がありましたが、これもごくわずかな人数しかいませんでした。

ほとんどの女性は、大きくなったら結婚して子どもを産んで、家庭を守るということが当たり前と思われていました。独身の男性も女性もごく稀で、結婚していないと男女ともに一人前とは思われないといった風潮もありました。

今は離婚をする人も多いのですが、当時は、ほとんどいませんでした。というのは女性の職業が極めて限られていたため、中年以上の女性は、離婚した後に暮らしていくことができなかったので、あきらめるしかなかったのです。

私は、独身でいようと思っていたわけではないのですが、結婚して家庭に入るという道は選びたくなかったのです。もし、仕事を持たず家庭に入ってしまって、頼る夫に何かあったら、生活することができないというのは、とても不安がありました。おそらく、父が亡くなった後の母の苦労を間近に見ていたからでしょう。

私たち家族は、幸い母方の祖父が健在だったので、その庇護のもとで育ちました。父が残した財産が多少あったのですが、それでも私と弟たちが成人するまでには、なくなってしまうだろうと思いました。ですから、私は、大きくなったら社会に出て仕事をして自分自身で稼いで暮らしをたてていかなくてはならないと考えていました。

当時、女性は高校卒がほとんどで、その上はせいぜい短大まで。卒業後はちょっと腰かけで就職して、会社ではお茶汲みや受付などの軽い仕事をしてから、結婚が決まったら退職するという人が多かったのです。

私は仕事をするためには、四年制の大学へ行かなくてはならないと思いました。その希望を母から祖父に伝えてもらったところ、

「国立の大学に行くのなら行かせよう。ただし、落ちたら見合いをして結婚するように」

と言われました。これは大変です！　何とか国立の大学に入らなくてはなりません。それも、ただ入学するのではなく、その先、何をやるのかということを見極めてから、入試の準備をしようと思いました。

新しい同級生にもやっと慣れてきて、高校二年になると新しい友人もできました。英語部の活動は楽しく、私は推《お》されて部長になりました。でも、外国人の優しい英語の先生はすでに帰国されていたので、英会話の勉強は中断となりました。代わりに部活でやったのは、何と人形劇でした。アンデルセンの童話「ナイチンゲール（夜鶯）」を勝手に翻訳し、人形を何体もつくり、華麗な竜宮城のような舞台をつくることに熱中したのです。中国の皇帝と小鳥

の話で、英語はそっちのけで、モノづくりに没頭しました。

学内の文化祭で発表した英語人形劇は好評を博し、その後学校を代表して都内の高校文化祭で、私たちは再び公演しました。やったね！という達成感があって、私たち部員はみんなで喜びました。

英語をもっと勉強して、将来、英語を使った仕事に就《つ》くということは、一つの選択肢でした。世の中はアメリカ一辺倒で、音楽はアメリカのポピュラー・ソングが流行していましたし、映画はハリウッド製の明るいホームドラマがヒットしていました。大きな車や冷蔵庫、豊かな暮らしのスタイルに、みんな憧れていた時代でした。

でも、英語を勉強して仕事にするとなると、外国人の秘書か、英語の先生、または翻訳をする人といったことしか、イメージできませんでした。英語は好きだったし、いつか機会があれば外国へ行ってみたいと思っていましたが、英語を使う仕事はどうも魅力が感じられませんでした。

では、いったい将来は何になったらよいのだろうかと、私は当時、真剣に考えたものです。何か、自分に合っている職業はないだろうか。プロフェッショナルとして、続けていける仕事はないものだろうか。

学校の先生、女医さん、女流の作家や音楽家ぐらいしか、女性の専門職がなかった時代でしたから、専門家になるには、どんな職業があるのか、まったくわかりませんでした。

できれば、長く続けられる仕事、年と共に良くなっていく仕事、努力が報いられる仕事はないものだろうかと、一生懸命考えたのでした。

2. 得意なものは何か？

プロフェッショナルな職業を持つということは、どんなことなのでしょうか。

私は、高校一年の時、将来何になろうかと真剣に考えたのです。プロというのは、自分が持っている技術や知識を使って収入を得ることです。ということは、人が自分の技術や知識にお金を払ってくれなければなりません。並大抵のことではそんなことをしてくれないでしょうから、その技術や知識を得るには、努力を積み重ねて習得しなければなりません。

目指すプロになるには、生まれながらその道のプロに適した能力があればそれに越したことはありません。

「私が得意なことって何だろう？」

人よりも自分が多少でも勝っていることがあったら、それは将来目指す道が少しでも有利になるように思えました。

私は、注意深くクラスメートを見渡しました。次に、上級生や下級生も眺めてみました。いったい、私の得意なものは何なのだろうか？　他の人より多少なりとも優れていると思えるようなものは何なのか。

私は小学生の時に絵が上手いといわれて、ポスターを描いて賞をもらったり、先生にすすめられて油絵を習ったりしました。私が描いた油絵が、学校の代表に選ばれて展示されたこともありました。中学に入学してからは、油絵よりも水彩画のほうに興味を持っていたせいか、あまり描かなくなりました。

自分は人より多少絵は上手いと思っていましたが、一級下に大変絵の上手な人がいました。その人の絵を見て、私はとてもかなわないと思っていました。加えて、画家として成功するには、天才的に上手でなければならないように思えました。でも、私にはそれほどの才能があるとは思えません。

英語の成績は確かにクラスのトップでしたが、これは才能ではなく、語学は興味があって、やれば誰でも上手になるように思えました。

私はスポーツはからきし駄目でした。それに体を動かすことも苦手でした。私の父は、サッカー選手として日本代表チームのキャプテンとなってベルリンオリンピックに出場したのですが、私はまったく父に似ていなかったのです。

でも、手を動かすことは好きでした。モノをつくることも大好きでした。学科では理科が好きでしたが、これは主にラジオをつくったり、化学の実験をしたりと手を動かすことに結びついていたようでした。

建築には、とても興味がありました。小さい頃、学校の行き帰りに、木造の家が建てられていく工事を見るのは、とても面白く、職人さんたちの仕事運びに見とれたものでした。

小学校の高学年の時に「自分の部屋を設計しなさい」という宿題が出され、私はこれに熱中しました。今では女性の建築家は珍しくなくなりましたが、当時は、建築家に女性がなるなど考えられない時代だったので、私には縁のない職業と考えていたのです。

先にも述べたように、私は高校一年の時、二つも続けて大きな病気をしたために、一年休学したことがあります。ですから、体力にはまったく自信がありませんでした。

当時、女性は男性よりも弱く、能力も劣っているものと考えられていました。男女同権で明るい社会が開けると教わった中学校の時と違って、高校に入ってからは、どうも世の中には女性に対して大きな厚い壁が立ちはだかっているように感じるようになったのです。

なぜかというと、男性に比べて女性はなれるプロフェッションが圧倒的に少ないのではないかということに気がついたのです。

加えて体力に自信のない自分は、いったいどうしたらよいのだろうと思っていた時に、ある新聞のニュースが目につきました。それは、山で遭難《そうなん》した二人の若い女性が、何と十日ぶりに救助されたというものでした。二人の女性は、飢えと寒さをしのぎながら、流れの水を飲み、たった一枚の板チョコを分けあって食べながら生き延びたというのです。

新聞のコメントには、女性だから生き延びることができた、男性なら死んでいただろうと書かれていました。この記事を読んで私の悩みは吹っ切れたのです。そう、女性は持久力があるのだ！と私は思いました。一つのことをやり続ける力は、女性のほうがはるかに優れていると考えたのです。

得意なことをやるのではなくて、多少得意なことが生かせて、好きなことを職業として選ぼう。好きなことなら、きっと辛抱してやり続けることができるだろう。やり続けることが実る、そんな職業が世の中にあるに違いないと、私には思えたのです。

皆さんも将来の選択に迷った時は、まず、自分の得意なこと、そして、自分が好きなことは何かを考えてみてください。

3．進路を決めた展覧会

将来、何になったらよいのだろうかと悩んでいた時に、思いがけない出会いがあったのです。当時、東京・京橋にあった国立近代美術館で「グロピウスとバウハウス」展が開催されました。

グロピウスは近代デザインの父と言われる人です。十九世紀後半のドイツ生まれの建築家で、後に造形教育に携わりました。

バウハウスは美術・建築の教育を行った学校で、グロピウスの指導のもとに、新しいデザイン教育の場となり、近代デザインの基《もと》をつくったことで知られています。

美術が好きだった私は、時々美術館には行っていましたが、特に系統立てて美術作品を見たり、美術史を勉強したりというわけでもなく、ただ美しいものを見るのが好きという気持ちで出かけていました。

この時も、グロピウスがどんな人で、バウハウスが何なのかも知らず、たまたま行った時に開催していた展覧会を見たのでした。会場には、建築の模型にはじまり、テーブルや椅子、ガラスや陶器の食器類、ステンレスのスプーンやフォーク、カーペットや壁掛けといった、室内で使われる什器《じゅうき》や家具などが展示されていました。

ほとんどが、シンプルでそっ気ないようなデザインのものばかりでした。会場はガランとしていてあまり見ている人もいませんでしたが、私は心底びっくりして、食い入るように作品を見ては、解説を読んだりしました。

今まで美術館で見た絵画や彫刻とは、まったく違ったものが展示されているのです。これらが近代デザインというものなのか、と私は驚きました。日常何気なく使っているものを、新しい素材や新しい作り方で生産されるものをデザインしていく、「工業デザイン」という分野があるということを、私ははじめて知ったのです。

私は、小学校の時に学校から理科の時間に行った「石けん工場」のシーンを思い出しました。型に入れられた石けんが、次々とベルトコンベアに乗って完成され、箱につめられてできあがっていくのを、びっくりして眺めたものでした。

中学になって行った工場見学は、ガラス工場でした。大量生産のコップが、見る見るうちに成型されて、冷やされながらできあがっていきます。大きな回転する機械とベルトコンベアによって、次々と完成した透明なコップが運ばれて行きます。まるで魔法のように思えた工場生産が、鮮明に甦ってきました。

「そうか。ああいう製品をデザインする仕事が工業デザインなんだ！」

この世の中に、工業デザイナーという仕事があるということを知ったのは、この時がはじめてでした。

しばらくして、日本の工業デザイナーの草分けともいえる柳宗理《やなぎそうり》先生の「工業デザイン展」が、百貨店のギャラリーで開かれました。新聞の広告で開催を知った私は、もちろん、真っ先に出かけました。会場には三輪の軽自動車や家具や食器のデザインが展示されていました。壁には、柳先生が自分のデザイン事務所のスタッフに囲まれた写真が飾られていました。その写真の中に、女性のスタッフが一人写っていました。

そう、工業デザイナーには、女性もなれるんだ！　私に明るい希望が見えてきました。

理科が好きで、絵が上手いと言われた私にとって、「工業デザイナー」は適した仕事ではないだろうか。そういえば、中学の時に、私は、発明家になりたいと考えていたのだということも、思い出されてきました。加えて、工場見学に行った時の興奮も甦ってきたのです。

工業デザイナーになると、きっとしょっちゅう工場に行くことになるのだろう、モノがすぐ近くでできるところに立ち合うというのは、何て素晴しいことなのか、と私は思いました。

当時、デザイナーというと、主にファッション・デザイナーのことを言っていました。そのほとんどは女性だったので、デザイナーという職業は女性がやる職業というように理解されていたのです。建築のようにまったく女性がいない世界ではないように考えられていました。

私たちが生活する場には、いろいろなモノがありました。手づくりのモノだけではなく、トランジスタラジオや電気釜、洗濯機など、電気製品が普及しはじめた頃でした。街には国産のオートバイや三輪自動車が走っていました。

アメリカ映画のホームドラマで見るような、大きな冷蔵庫やテレビ、そして自動車と、工業製品は、これからどんどん増えていくことは明らかでした。

工業製品が増えれば、それをデザインする人が必要なはずです。「工業デザイナー」は職業として成り立つばかりではなく、きっと将来明るい展望が拓けていきそうです。

「工業デザイナー」になろう！　私はやっと自分が目指す道の入口に立ったのでした。

4．工業デザイナーになるには？

さて、ようやく私の目標も定まってきました。でも、工業デザイナーには、どうやったらなれるのでしょうか。どこでどう学んだらよいのでしょうか。

高校の図書室で探してみると、「工芸ニュース」という雑誌がありました。当時、通産省(経済産業省の前身)の付属施設に産業工芸試験所というのがあって、そこが出版している雑誌です。この産工試と略して呼ばれる機関は、アメリカやヨーロッパの新しいデザインを紹介し、日本の工業製品を欧米に通用するデザインになるように指導する役割を担っていたのでした。

今考えると薄いパンフレットのような雑誌でしたが、私はむさぼるように読みました。そこには、アメリカの自動車のデザインや北欧の家具の紹介、そして、日本からイタリアへデザインを学びに行った人のレポートなどがありました。

「そうだわ。この雑誌の編集長さんに手紙を書こう。そうすれば、工業デザイナーになるには、どこで勉強したらよいか教えてもらえるわ」

こう考えた私は、早速実行に移しました。しばらくして、編集長さんから丁寧な返事がきたのです。

「工業デザインを東京で学べる国立の大学は、東京芸術大学の図案計画科(当時)か、千葉大学の工業意匠科(当時)です。海外、特にアメリカには、いくつかの大学があります」

手紙には、こう書かれていました。祖父からは国立の大学に受かったら行ってもよいと言われていたので、東京芸大を目指すしかないと思いました。

幸い、高校の先輩に目指す東京芸大の図案計画科に入学した人がいたので、話を聞きに行き、勉強の仕方を教えてもらいました。いつの時代もそうですが、できるだけ情報を集めることが大切です。今ではインターネットを使えば簡単にたくさんの情報を集めることができますが、真の情報や価値ある情報は、やっぱり人から直接聞くことだと、私は考えています。

先輩からの情報によって、私は東京芸大を受験するための予備校を知り、そこに通うようになりました。まず、基本は石膏《せっこう》デッサンです。物の形を正確につかみ、描く訓練です。形を描いていくことは、紙の上に白から木炭の墨の黒までの段階を使って立体感を表現していくことです。

はじめて学ぶ石膏デッサンはとても面白く、学校の放課後、予備校に通うことはとても楽しみでした。石膏デッサンのクラスは油絵や日本画や彫刻を目指す受験生も一緒ですから、とても勉強になりました。先生からの指導よりも周りで描いている人たちの絵を見ることが、一番の勉強でした。特に油絵や彫刻を志望する人たちはデッサンが上手でした。

どんな場合も、手をとって丁寧に教えてもらうよりも、人がやっていることを見て覚えるほうが、早く確実に自分のものになる、と私は思っています。その考えは、その後年月を重ねるうちに、強くなってきたように思うのです。

今、いろいろなことを覚えるのに、マニュアルがつくられ、マニュアル通りにやることが上達することのように考えられているのは、疑問です。マニュアル通りに覚えることよりも、自分で工夫して採り入れるほうがやっていて面白いでしょう。面白いことは身につくと、私には思えます。

石膏デッサンがある程度のところまでいくと、次は鉛筆淡彩《たんさい》という静物画を鉛筆と水彩絵の具で描く練習に入ります。それから、平面構成というグラフィック・デザインの基本と、立体構成というプロダクト・デザイン(工業デザイン)の基本の勉強に入ります。

いよいよデザインの世界に近づいたのです。一緒に学ぶ仲間たちは、みんな東京芸大の図案計画科を目指す人たちなのです。浪人中の人も多く、なかには何年も浪人している人もいます。みんな絵の具の塗り方も、図面の描き方も上手な人ばかりです。

高校へ通いながら、放課後に予備校へ行く現役の私から見ると、浪人の人たちは、はるかに勝っている存在でした。何とかその人たちから技術を学ぶことに精一杯でした。

いよいよ大学受験の時がきました。私は東京芸大の図案計画科しか受けませんでした。現役で受かるかどうかはまったくわかりませんでしたが、国立大学しか行かせないという祖父の考えでしたから、他を受けても無駄だったのです。

当時は、女の子が浪人してまで大学を受験することは、あまりなかったような時代だったので、私が浪人することはきっと家では許されないだろうと思いました。

とすれば、芸大に受からなかったらどうしたらよいかしら。どう考えても、祖父が言うようにお見合いをして結婚するなんてイヤだった私は、工業デザインを学ぶ大学がいくつもあると聞いた、アメリカに行こうと決意しました。

おそらく、探せば奨学金か何かあるだろうと、私は考えたのです。高校の時教えてくれた優しいアメリカ人の先生を思い出し、ああいう人がきっとアメリカには大勢いて、学びたい日本の学生を受け入れてくれるのではないかと思いました。

しかし、何はともあれ、合格することに全力をあげねばなりません。私にはそれ以外の道は当面なかったのです。

第2章

やりたいことを仕事にする

I　プロを目指して……

1．大学受験に挑戦

幼稚園から高校まで、ずっとお茶の水女子大学の付属に通っていた私にとって、大学受験は、はじめての受験体験でした。しかも、目標は、当時でも三十倍という倍率だった東京芸術大学の美術学部図案計画科です。

美大専門の予備校へ行ってみると、浪人している人がほとんどで、みんな目を見張るほど上手なのです。でも、一歩一歩前へ進んで行くしか道はありません。

人が制作しているのをすぐ近くで見ることと、良いと言われる作品をできるだけたくさん見ること。この二つは、私が予備校へ行って、まず心がけたことでした。

石膏デッサンは、できるだけ上手な人の近くで描くことにしました。最初、まるで神わざのように思えた形のとり方や、木炭による濃淡のつけ方、パンを消しゴム代わりにして消していくやり方など、すぐ近くで見ているとなるほどと思われることばかりで、とても勉強になりました。

鉛筆淡彩も、上手な人が画板に向かって仕上げていく過程を目の当たりに見ていると、たくさんの発見がありました。石膏デッサンと鉛筆淡彩による静物画は、優秀な人の制作を見ているうちに、どうやって描けばよいかが、だんだんとわかってきました。技術が飲み込めたら、後は自分が感じたものを描いていけばよいのです。何とか、基礎的なデッサンは、少しずつ習得していきました。

困ったのは、グラフィック・デザインの基本となる平面構成です。課題が出されて、それを家で作ってきて、先生がみんなの前で一点ずつ講評するというやり方だった平面構成の授業では、制作を各自が家でやるので、私には結果しかわかりません。年季の入った浪人生はポスターカラーの塗り方も、まるで印刷したかのようです。私はというと、ボターっとムラがあり、いかにも素人が塗ったつたないものなのです。色の塗り方は、いつまで経っても苦手でした。

プロダクト・デザインの基本となる立体構成は、とても楽しいものでした。「郵便ポスト」を新しいデザインで提案する、という課題や、「自分用の椅子」をデザインするなど、難しいけれど、工夫がこらせるテーマが次々と出されました。こちらも、みんな家で制作してきて、授業の時に持ち込み、先生の講評を受けます。

図面の描き方も、予備校で手ほどきを受けました。これは図面をつくる考え方さえ理解できれば、後は枚数を描いていくことで上達できました。将来、工業デザイナーになりたいと思っていた私は、夢に一歩ずつ近づいて行くような気がして、毎日が充実していました。

受験生の中で、仲間もできました。主に一年目の浪人の人たちでしたが、私を仲間に入れてくれて、展覧会に一緒に行ったりしたものです。その仲間の一人が、高校の先輩で芸大の学生だった人に渡りをつけて、私たちは、予備校の他に、その人に指導を受けるようになりました。佐野寛《ひろし》さんという方で、卒業後は大学で教えたり、自分で企画や制作をされていました。

グループ指導といった形のこの授業は、みんなで佐野さんの自宅に自分が制作したものを持って集まって批評を受けるというものでした。当時の仲間だった人に、佐野洋子さん(絵本作家)や、及部《およべ》克人《かつひと》さん(武蔵野美術大学名誉教授)がいます。今思えば別に授業料を払ったわけでもなく、手土産を持っていった憶えもないのですから、佐野寛さんは本当に親切な人と感謝しています。

よい仲間に恵まれること、よい先輩に教えて貰えることは、いつも大事なことです。でも、かといって仲間や先輩に好かれようと思ってとり入ることはできないものです。

よい仲間に入れてもらうことは、こちらの腕を認めてもらったり、人柄を信用してもらったり、相手にとって好ましいと思われるようになることなのです。

いよいよ入学試験の時となりました。私にとっては、初めての入学試験なので無我夢中でした。試験は四段階になっていて、まず学科でふるいにかけられます。次に実技試験で、鉛筆淡彩があり、続いて平面構成、最後に立体構成の順になっています。

試験は、木造の古い校舎の中で行われました。今は取り壊されてありませんが、暖房もほとんどないような広い部屋でした。予備校で一緒だった人たちも大勢受けています。

私たちを一緒に指導してくださっていた芸大生の佐野寛さんは、試験の日にはわざわざ大学の構内までやって来て、終ってから出て来た私たちを励ましてくれました。

何とか三次試験まで無事通過した私は、最終試験の発表の日を迎えました。合格しているのかどうか、私にはまったく見当がつきませんでした。

壁に貼り出された掲示の中に、自分の名前を見た時、私の目は涙で溢れました。やっと一つの扉が開かれたのでした。

2. 大学で学んだこと

念願かなって東京芸大に入学した私には、新しい世界が開けました。女子高で育った私にとって、明治の開校から戦前まで続いた美術学校を前身とする東京芸大にはバンカラな気風が濃厚に残っていて、驚くことばかりでした。

私が入学した美術学部図案計画科(現デザイン科)の新入生は三十六名。そのうち女子は七名でした。先生方は教授、助教授、講師、助手、副手と大勢いらして、もちろんすべて男性で、なかには、

「女子学生が入ってきたので、美術学校の校風が損なわれ軟弱になった。どうせ君たちは卒業後結婚して仕事をしないのだから、国費の無駄遣いである」

と公言してはばからない(今だったら、セクハラで問題になるのですが)先生もおられました。要は、女子学生が少ないからといって、チヤホヤされていたわけではなく、その反対だったのです。

クラスメートの半分位は、すでに予備校や夏期講習(芸大で夏に行われていた講習会)で顔なじみの人でしたから、すぐに打ちとけました。

昼休みには、みんな揃って学生食堂へ行きます。木造の平屋で木のテーブルにベンチとい

う素朴な造りで、二軒のお店が食事をつくっていました。

食堂には、他の科の人たちが大勢集まります。裸足で埃《ほこり》だらけのズボンを縄のベルトでしばって、手拭《てぬぐい》を頭にかぶった彫刻科の人、油絵の具を方々につけたままスモック（作業用の上衣）を着た油画専攻の人、手に染み込んだ岩絵の具が色とりどりの日本画専攻の人、焼けこげの穴がいっぱい散っている服の金工科の人……と、実にさまざまな学生たちがやって来ます。みんな元気で明るく賑やかです。

授業はというと、午前中は実技、午後は学科の授業で必要な単位をとっていきます。私たちの教室は、音楽学部の門を入ってすぐ左手の木造二階建ての西洋館風の建物（今は撤去されています）で、大きな部屋の中は埃がいっぱいで、鳩が巣を作ったこともあるガランとした場所でした。

授業の開始時間、教室に行っても誰もいないことにまず驚きました。学生は一時間ほど遅れてバラバラとやってきます。先生は頃合いを見計らって教室に見えるのですが、要は課題を出されて、提出期限までにやればよい、という放任状態なのです。

これは大変！　自分で勉強しないと技術が身に付かないのでは、と私は焦りました。デザイン以外の実技の授業はしっかりカリキュラムが作られていました。しかも各々一流の先生方に教えてもらえたのです。

彫刻、油絵、陶器、金工、版画、写真等々を一通り学べたことは大変良かったと思っています。なかでも山本豊市《とよいち》先生(著名な彫刻家)が指導してくださった彫刻で私はよい評価をいただいたので、将来立体デザイン(工業デザイン)を目指していた私には励みとなりました。

当時、デザイン教育は揺れていました。今までの図案や装飾を教えるやり方では、勃興《ぼっこう》する新しいデザインの分野に対応できなかったのです。

そんな時、アメリカのデザイン学校に留学した人たちが帰国して、当時隆盛《りゅうせい》を誇っていたロサンゼルスやニューヨークの工業デザイン教育を持ち帰りました。その中には芸大を卒業してから留学した人も何人かいて、デザイン塾を開くというニュースを聞きました。日本のデザイン教育に危機感を抱いての活動だったのです。

早速、私はそこに申し込みました。グラフィック・デザインからプロダクト・デザインまでアメリカのデザイン教育を再現したという塾で、私は実践的なデザインの手法を学ぶことができました。特にその後役に立ったのは、親指ほどの大きさにたくさんのアイディアを短時間で描いていく〝サム・スケッチ(親指スケッチ)〟というやり方です。

頭に思いつくものをどんどん小さな絵で表現します。絵をつくっていく間に次のことが浮かびます。それをすぐ小さな絵に描きます。頭と手、手と頭、この往復運動が次々と新しいデザインを生んでいくのです。

当時、私は二十歳でした。この年齢で身に付いたことは将来の宝となるのです。

一方、大学のデザインの授業は、相変わらず課題を出されて講評を受けるというやり方でした。教室はいつも閑散としています。しかし、講評の日はみんなが作品を持ちより、喧々《けんけん》諤々《がくがく》と他の人の作品を見て学生同士批評をしました。どんなに普段さぼっていても、よい作品さえ出せば、みんなに尊敬されました。

東京芸大生の頃

年に一度の学園祭には全員が作品を展示しました。他の科の人も学外からも大勢の人が見に来ます。ここでの作品が評価の勝負なのです。つまらない作品を出した人は相手にされず、素晴しい制作をした人は賞賛され、学内で有名人となり、尊敬が得られたのです。腕のある人が勝つという伝統は、美校から芸大になってもしっかりと受け継がれていたのでした。

3. アルバイト選びは慎重に

プロのデザイナーになるために、自分の腕を確実にあげていかなくてはなりません。そのためには、先輩の手伝いをすることがありました。

当時、工業デザインのコンペ(設計競技)がいくつもあり、学科の上級生たちはグループを組んで応募していました。特に毎日新聞が主催する毎日デザイン賞は工業デザイナーの登竜門のような役割を果たしていて、芸大からも何人か受賞者が出ていました。

当時四年生だった先輩に言われて、私はこのコンペの手伝いをしました。近くにあった先輩の家に毎日のように行って、パネルに紙を貼ったり鉛筆を削ったりしながら、先輩たちのディスカッションを聞き、さまざまな条件をクリアしながら形にしていくプロセスを間近に見ました。

卒業制作を手伝うというのも腕をみがくチャンスでした。この伝統は今も続いているようです。私と同級生の女性の友人はどの先輩についたらよいか、ということを前もって注意深く観察しました。要は優秀でよい作品を作る人のところに手伝いに行った方が、勉強になるからです。私たちが白羽の矢を立てたのはKさん。二級上の男子学生でした。頭脳明晰《めいせき》で腕も立つし、人柄もよい人で学校の近くに住んでいました。私たちは「ぜひ、卒制のお手伝いをさせてください」と頼み込み許されました。

卒業制作もほとんど自宅でやります。私たちはしょっちゅうKさんの家を訪ねましたが、仕事も手早い人で、私たちが手伝うことはほとんどありませんでした。しかし、行くたびに新しい展開があったり、アイディアが絞り込まれて作品として表現されていくプロセスを見ることは本当に勉強になりました。

もう一つ、腕を磨くチャンスは、アルバイトでした。当時、デザインの勃興期であったため、芸大の学生にはいろいろなところから声がかかったのでした。

実際にお金をいただくのですから受けるほうも真剣です。これも先輩から声がかけられました。私は勉強になるアルバイト、すなわちデザインに関われる仕事は何でもしてみようと思いました。先輩のアシスタントとして、店舗のショーウィンドウを飾り付けに行ったり、テキスタイル(布地・織物)の会社からの依頼でショールの柄のデザインをしたり、本の装丁のデザインをするなど、いろいろなものをアルバイトで手がけました。

同級生には腕の立つ人が大勢いました。みんなデザインのアルバイトをやっていて、なかでもやり手の人は自分のオフィスをつくり、たくさん仕事を受けて儲けていた人もいて、卒業して大手企業に就職したら急に貧乏になったとこぼす人もいたほどです。

グラフィック系のアルバイトはいくつもあり、先輩から教わることもできたのですが、肝心のプロダクトのデザインはアルバイトとしてはほとんどありませんでした。これはいけない、何とかしなくてはと思っていた矢先、高校時代に工業デザイナーになるにはどうしたらよいかと問い合わせたデザイン誌の編集長から声がかかり、当時銀座に事務所を持っておられたQデザイナーズの渡辺力《わたなべりき》先生を紹介されました。

渡辺力先生は東京高等工芸学校(千葉大学の前身)の木材工芸学科の出身で、木と紐を組み合わせた椅子の日本的な造型で一躍有名になったプロダクト・デザイナーでした。

連れられてお訪ねした渡辺力先生に編集長は「この人をアルバイトとして使ってみたらどうですか」と頼んでくださったのです。許されて私はその後この事務所に通うことになりました。

Qデザイナーズには渡辺先生を筆頭に四人のスタッフが忙しく働いていました。二十代半ばから三十代半ばの優秀な人たちばかりです。事務所は忙しくみんな一心不乱に働いていました。

その後、学校の空いた時間の午後に過ごしたQデザイナーズで、私は本当にたくさんの基本的なデザイン技術を学びました。石膏模型の作り方、簡単な図面の描き方から、複雑な線図の作り方までと、プロダクト・デザインの基本のすべてをこの事務所で習ったと思います。アルバイト代はわずかでしたが、むしろこちらから月謝を払わなければならないくらいでした。

今、学生アルバイトの口はたくさんあります。ファースト・フードやコンビニ、飲食店など、学生アルバイトの人手があってはじめて成り立っているような業種もあります。生活のためにやむなくそういう場所で働いている人もいるでしょう。しかし、ただお金を稼ぐために安易にアルバイトをするのは本当にもったいないことです。

人生の中で最も吸収力のある年齢の時こそ、将来に向けて枝を拡げ花を咲かせることができるものを見極めて、自分の時間を大切に使ってほしいものです。

4. 自分が学べる場所はどこか？

あっという間に二年が経って、私は芸大の三年生になりました。そろそろ将来の進路も考えなくてはなりません。今は学部のあと、大学院へ行く人も多いのですが、当時はデザインの勃興期だったので同級生はみんな早く社会に出て腕をふるいたいと思っていました。

企業からの求人はたくさんありました。ここでも先輩が活躍してめぼしい学生にはどんどん声がかかりました。

そんな活動の一つだったのでしょう。私は日本を代表する大手企業のデザイン研究所から声がかかり、月に一回、郊外の広大な敷地の中にあるその研究所を訪問する四名の学生のうちの一人となりました。

同級生四人は連れ立って研究所で働いている先輩を訪ね、デザイン部内を見学し構内を巡り、おまけに参加費といったお金もいただけるという結構なものでした。

ここでは家庭用のさまざまな電気製品のデザインをやっていましたが、部外者である私たちはどんなデザインをどうやってやっているか見ることができなかったので、そこで働くことについては実感が持てませんでした。

一方、三年生になって友人と二人のチームを作ってデザイン・コンペに応募しましたが、見事落選したあげく、徹夜を続けた無理がたたって私は寝込んでしまいました。どうも回復が遅いと思ったら、盲腸炎をこじらせたということで、すぐ入院となり手術を受けました。

時は六十年安保闘争の真只中で、国会周辺ではデモが続いていました。芸大でも共産党の活動が活発になり、同級生たちはみんなデモに参加していました。

遠くからでもデモに参加した人たちのざわめきが聞こえる中、私は一人虎ノ門の病院のべッドに横たわっていました。友人たちの存在がとても遠く感じられたものです。そう、何かあったら、やっぱり自分は一人なのだなと思ったのです。

病室の窓から、東京の街並みが見渡せました。大きなビルもありましたがたくさんの小さな建物がひしめき合っていました。東京にはこんなに大勢の人たちが暮らしている、この中に私にできる仕事があるに違いない、私が一人でやれることもきっとたくさんあるはずだと私は妙に納得した気持ちになったものでした。

そう、私は企業に入るのではなくて、将来はデザイナーとして独立しよう。仕事の対象はプロダクトだけではなく、インテリアや家具、グラフィックだってやっていこう。注文があったものは全部やってみようと、私は東京の街を見渡しながら、将来の方向にむかって舵をきったのでした。

将来の姿がおぼろげながら見えてきたので、卒業後の進路は急に霧が晴れたように思えました。フリーランスのデザイナーとしてやっていけるようになるためには、できるだけいろいろなデザインを実践的にやっているところに行くことが大切です。

そういう観点から見ると、大企業のデザイン部は男性が永く勤めることには適している場所であっても、私が仕事を覚える場としては疑問でした。

もう一社、時計会社からも誘いがあり、私は夏休みに、その会社の工場実習に行ってみました。デザイン部は少人数でしたし、腕時計の文字盤しかデザインしないのでは、興味が持てませんでした。

そんな折、二年生の時からアルバイトに行っていたQデザイナーズの渡辺力先生からお話がありました。

「そろそろ卒業ですね。卒業後はうちに来ませんか」

家庭用品から家具、展覧会の展示からホテルのインテリアまでと忙しくさまざまなデザインを行っているQデザイナーズの仕事の内容をこれまでつぶさに見ていたので、私はここそ私が求めていた場所だとすぐに理解しました。

「はい。よろしくお願いします」

私は渡辺先生にその場で返答しました。スタッフの人たちも手を休めて笑顔でよかったねと言ってくれました。

芸大の先生方には事後報告でした。なかには不服そうに、

「君はQデザイナーズに行くんだってね」

とおっしゃった方もありました。

就職先は自分で決めるものだと思っていた私は、決めるにあたって誰にも相談しませんでした。月給が高いところに行こうという気持ちもまったくありませんでした。父が早くに亡くなった私の家は、決して裕福ではありませんでしたから、貧乏な暮らしは当たり前と思っていました。高い収入を得ることよりも、確実に実となる勉強ができる場所に自分を置くことが、最も大切なことだと考えたのでした。

入社するとすぐに、次々とたくさんの仕事がまわって来ました。やっと自分の力を出して働けるようになったと、私はとても幸せでした。

Ⅱ　就職するということ

1．デザイン事務所に入社して

ここのところ、就職難であるとか、失業率が五％を超えたというニュースが、新聞やテレビで報道されます。

紺色のリクルート・スーツを着た男子学生や、黒のスーツに白のブラウスという今や定番になったスタイルの女子学生が有名企業に押しかけたり、大企業の前に大勢たむろしている光景を目にします。

そのたびに私は不思議な気持ちになります。いったいその人たちは何を目指しているのでしょうか。大学に入学するのは四年間何を勉強したらよいのかということで決めるのではなく、〇〇大学卒という肩書きを手に入れようとする人が多いように思えます。

就職もその延長線上に考えているのではないかと私は気になります。就職先を選ぶときには、自分がそこから何かを学べるところであり、熱意を持って一生懸命働けるところであるかということを、考えてみるのが大事なことではないでしょうか。

私は大きなプロジェクトをやることが多いので、自然とさまざまな会社の人たちと接する機会があります。そんな時、私が最も信頼し評価する相手は、自分の仕事に誇りを持ち、熱意を持って働く人です。

大きな会社、有名な企業に就職したからといって、一生を保証されるということではありません。かつて日本が高度成長を遂げ、右肩上がりの時には、みんな会社が一生めんどうを見てくれると信じていました。しかし、現実はそうではないということを、皆さんもさまざまな報道を通して知っていることと思います。

自分が就職するにあたって、私は自分の腕が磨けるところ、要はできるだけ勉強になると

Qデザイナーズのスタッフ(中央が渡辺力氏)

ころに身を置きたいということが、唯一の条件でした。日本を代表する有名な大企業からの誘いもありましたが、私が就職先に選んだのは、総勢五名という小さなデザイン事務所でした。結果、私はいろいろなことを短い期間で学ぶことができました。大企業に就職しなくてよかったと今でも思っています。

小さいデザイン事務所でしたから、仕事以外のこともいろいろやりました。当時、女性は朝出社すると上司や同僚のお茶を入れることは当たり前のことでした。昼や午後のお茶出しや、来客の時の受付も女性の仕事でした。

私が入社すると、デザイン事務所の代表で指導者であった渡辺力先生は、社員の人たちに向かって、

「幹子さんは東京芸大を出て、デザイナーの新人としてここに入った人です。みんなのお茶を入れることはしないので、そのつもりで」

と話されました。私はとてもありがたいことだと思いました。しかし、社員のお茶は入れなくても、来客に対応してお茶を出し、その後の片付けをやるのは、当たり前のように私の仕事でした。

事務所の流しの脇に小さな冷蔵庫があり、そこには客や社員のための飲物が入っていて、それを管理するのも私の仕事でした。当時は冷房がなかったので夏場には飲物がよく出ました。飲んだ人が表に正の字を書きこんで月末に私が精算するのですが、いつも書き忘れがあってお金が合わずに困りました。

お使いにはよく行かされました。文房具やデザイン用品の調達、郵便局での発送や受け取りなど、小さなデザイン事務所でも驚くほど細かい用事があるものです。

大きな組織ではそれらがすべて分業されていて、そういった雑務をデザイナーが新人といえどもやる必要はないのですが、私は今振り返ってみると、いろいろなことを若い頃にやって本当に良かったと思っています。というのは、どんなところにもデザイン的な要素を加えることができるし、創意工夫を自分なりにやることができる種《たね》が発見できたからです。

郵便を出すこと一つとってみても、封筒に貼る切手は何を選ぼうかと考え、封筒に貼る切手の位置は決まっていても、貼り方や配列を工夫することができるのです。

卒業後の三年間を過ごしたデザイン事務所での仕事は、私にとってはじめての実社会での活動でした。毎日忙しく過ごして、終電車で帰ることもたびたびでした。当時は週五日制とはほど遠く、土曜日は半日でしたが、それでも午後の二時、三時まで仕事がありました。

学生時代からアルバイトで来ていて様子がわかっているつもりではあっても、いざ入社すると違ったものも見えてきます。総勢六人という小さな世界であっただけに、一人一人の仕事の進め方や、上手なところ不得意なところもだんだんわかってきます。私は、模型を作ったり図面を描いたりと、先輩の指導を受けながら、一生懸命仕事をしました。新しいことを覚えていくことに無我夢中でした。

入社して二年目位から、新しい仕事が入ると、アイディア・スケッチの段階から参加させてもらえるようになりました。例えば、調味料入れのビンを対象に、何百種類というアイディアをつくり、製造方法やコスト、相手の会社のイメージなどから、徐々に絞り込みをして、最後に残った数案の模型をつくり、図面やパースを仕上げて提出するというものです。自分がデザインしたものが、実際に市販された時は、本当に嬉しく、やっと私はプロダクト・デザイナーになったのだと感激したものでした。

2. 仕事のルール

仕事をするのに基本的なルールがあります。学校ではそういうことを教えられるわけではなく、みんな卒業してから実社会で覚えていきます。大企業では、新入社員用の研修マニュアルなどが完備されていて、それに従って研修プログラムなどがきちんと組まれているようですが、私はそういうやり方は、便利で手っ取り早い教育方法とは思いますが、本当に身につくか疑問に思えます。

研修通り覚えて実践している人を見ると、まるでロボットが動いているように感じられます。日本のエア・ラインの客室乗務員は、教えられた通り忠実に仕事をしますが、ある外国人の友人が、

「日本のエア・ホステスは、まるでロボットのようだ」

と言ったことがあります。確かに、彼女たちは教えられたことはきちんとやりますが、それ以外のことには冷淡な人も多いようです。その点、外国のエア・ラインの人たちのほうが、親切な心を持っていて、重い荷物を棚に上げようとすると、すぐ手助けをしてくれます。これはおそらく、マニュアルにあることではなくて、個人が判断することなのでしょう。

マニュアル通りにやることで自分は仕事ができると思ったら大きな誤りです。そこから出

発して自分の判断や自分の心から生まれた親切や思いやりが出て、はじめて本物になると思います。

さて、マニュアルを学習する前に覚えておきたいことが、仕事の基本的なルールなのです。まず、「時間を守る」ということです。えてして、美術系の学校を卒業した人たち——特に若い人たちは、これができません。学校では許されていても(本来、そういうことは許されないはずですが)、時間に遅れるということは、実社会に出たら絶対に許されないのです。デザイナーは自由な発想をするのだから、出社する時間に遅れてもよいと考える人がいたら、それは大間違いです。

デザイナーほど、時間を守らなくてはならない職業はないと私は考えています。なぜなら、デザインが決まった後、その後の製造や広報など、すべての展開が時間と深く関わってくるからです。デザイナーの遅れが、製品の発売に影響してくるのです。

私は長い間照明デザインに携わってきていて、小規模のデザイン事務所を運営しています。デザイン系の学校を出て入社する新人の教育で、いつも手をやくのがこの時間に遅れないで出社させるということです。学生時代、ルーズに時を過ごしてきた若い人たちにとって、定刻に出社することが難しいようですが、会社に来る時間も守れないようでは、次の仕事を与えるわけにはいきません。友人や知人たちの成功したデザイナーたちを見ると、みんな時間に正確です。決められた時間にはキチンと来る人ばかりです。約束の時間を守れない人はデザイナーとして生き残れないのだと私は思っています。

　出社時間が守れるようになった後は、「約束した時間の五分前には現地に着く」ということです。遅刻してクライアントのところへ行くことは、相手に対して失礼であるばかりではなく、先方の貴重な時間を無駄にさせているわけですから、二重に申し訳ないことなのです。私は年配になってから、各界の著名な方々とお会いする機会が増えました。社会の中で重要な地位についておられる方ほど、約束の時間の前に見えることにも気がつきました。超多忙な人ほど時間の管理が上手――というよりもそういう能力がある人が、重要な地位につくということなのでしょう。

「時間を守る」ことは、もちろん、毎朝の出勤時間のことだけではありません。デザイナーにとって最も大切なことの一つに、「約束した時間に仕上げる」ということがあるのです。クライアントや一緒に仕事をしている仲間に対して、「いついつまでにやります」といった言葉は重いのです。その約束を守ったことが積み重なって、相手の信用を得ていくのです。

　仕事の基本的なルールは、まだまだたくさんあります。

「あいさつをきちんとする」

よく言われることですが、新人でこれができる人はほとんどいません。各企業ともあいさつをきちんとさせるように教育していますが、なかなか実践は難しいようです。

日本のみならず、世界中どこへ行っても、人と人とが会った時、「おはようございます」「こんにちは」「こんばんは」というあいさつの言葉をかわします。家庭の中で、学校で、あいさつをすることを習慣付けているのです。もちろん、近所の人たちともあいさつしてください。

職場の爽やかな「おはようございます」のあいさつは、一日の仕事の始まりです。

「お疲れさまでした。さようなら」は、一日の心地よい締めくくりなのです。

3．全力で取り組む

自分の将来の方向を見定めて、決めた職場に入った時、どうすればみんなに受け入れてもらえて、自分に仕事がまかされるようになるのでしょうか。

実は、簡単なことなのです。それは、一生懸命、全力をあげて取り組むことなのです。最初は、多分簡単な仕事しかやらせてもらえないでしょう。それは当たり前のことです。どんなに優秀な成績で学校を卒業したとしても、また何か別に積んだキャリアがあったとしても、職場にとっては新人なのです。どんなことをどんなふうに取り組んでいくのか、上司も同僚もわからないのです。

私の大学の先輩の女性で、世界的に有名な大企業のデザイン部に入社した人がいました。優秀な人でしたので当然のことでしたが、みんな羨《うらや》みました。ところが半年もしないうちにやめてしまいました。原因は、「倉庫に水を撒いてこい」と課長に言われたとのことでした。

「私はこんなことをするために、この会社に入ったのではない！」

憤然と怒ったその先輩は、辞表を出してしまったのですが、それを聞いた時、私は惜しいなと思ったのをよく憶えています。おそらく、課長は彼女を試したかったのでしょう。水を撒くといった簡単な命令にも従えないのなら、もっと上の仕事をまかせるわけにはいかないと考えたことでしょう。その先輩はやめた後、まったく消息を聞きません。きっと次の職場でも上手くいかなかったのでしょう。

さて、職場に入ったら、まず上司や先輩の言うことはよく聞いて、言われた仕事には全力で取り組むことです。上や横から見ると、その人が一生懸命やっているかどうか、実は本人以上にわかるものなのです。

一生懸命やる人は物事の吸収も良く、従って進歩も早いのです。どんなことでも全力を尽して一生懸命やる人に、周囲は好感を持ちます。一歩ずつ前に進んで行くことがわかれば、次々と仕事がまわってきます。そして、徐々に目指す仕事をまかされるようになるのです。

仕事には、失敗がつきものです。どんなに集中して一生懸命やっても、思わぬところで失敗することは、ある確率で起きると私は考えています。私の事務所では所員に、失敗した時は、すぐ上司に、または私に報告するようにと言ってあります。

なぜ失敗したのかという原因をよく見極めて、二度と同じ失敗をしないということと、もう一つ大切なのは、その失敗をリカバーして、もっと大きな信頼を勝ち得るチャンスをものにすることなのです。失敗をした時に覆《かく》したりごまかしたりしてはいけません。同僚や上司にすぐ相談して、対応の方策を考えて、そして実行することなのです。普段、全力を尽して一生懸命やっている人は、必ず周囲の人が手を差し伸べてくれるものです。

デザイナーやエンジニアには、このアイディアは今ここで出さずに、自分が独立したら使おうと出し惜しみする人がいます。でも、それは間違った考えだと私は思います。

デザインも技術も刻々と変化していきます。特に現在のように世界が狭く小さくなって、さまざまな情報が瞬時に飛びかう時、今考えたことはすぐ古くなってしまう場合が多いのです。特にデザインには「旬」があります。今この時点で新しく人々に受け入れられるというものは、すぐ提供することが大切なのです。本当に実力のあるクリエーターは、自分が独立した時点で、また新しいものを次々と考えることができる人なのです。職場にいる時には、むしろ腕を磨くよいチャンスなのですから、同僚と競い合って大いに切磋《せっさ》琢磨《たくま》してください。

「約束を守る」

「きちんとあいさつをする」

「全力で一生懸命仕事をする」

以上、三つのことを書きましたが、最後に加えたいのが、「ありがとうございます」と言うことです。

何か親切なことをして貰った時、物をいただいた時、食事や飲み物をご馳走になった時、「ありがとうございました」とお礼をいうのは当たり前のことなのですが、意外とそれができない人が多いのは、残念なことです。

お礼状を送ったり、お礼の葉書を書くという習慣がいつ頃から日本ではなくなってしまったのでしょうか。むしろ、欧米人やアジアの人のほうが、きちんとお礼の手紙を書いたり、お礼の言葉を添えたカードを送ったりして、ありがとうの気持ちを表すことが上手です。ぜひ、日本人の私たちもそれを習慣としてやっていきたいものです。

日本語の「ありがとう」という言葉は、英語の「サンキュー」、仏語の「メルシー」、ドイツ語の「ダンケ」、中国語の「謝々」に比べると言いにくい言葉なのでしょうか。それとも、以心伝心と、お礼を言葉にしなくても伝わると思っているのでしょうか。

4．女性と仕事

私が大学を出た頃は、女性がプロフェッショナルな仕事を持っていることが珍しい時代でした。高校を卒業すると短大へ行き、卒業後は花嫁修業をするか、就職したとしても二、三年の腰かけ仕事で、結婚のためにやめて家庭に入るというのが、よくあるパターンでした。女性もそれを不思議とも思わず、会社も女性の仕事はそんなものと考えていましたから、お茶汲みやコピーをとる、受付などの接客業務など以上の責任ある仕事をさせようとはまったく考えなかったのです。優秀な女性でも、男性社員の補助の仕事をするのが普通でした。

一方、公務員など男女平等に試験を受けて採用されるケースでは、優秀な女性も活躍してきました。男性の中に入って対等に仕事をするようになった時、よく言われたのが女性の欠点でした。協調性がない、ルールに従わない、抜けがけをするといったことです。

男性は女性と違って小さい時から将来仕事をするように躾《しつけ》られます。まず教えられるのは、我慢するということでしょう。「男の子だから泣いては駄目よ」と言われたり、「頑張りなさい」と運動でも勉強でも叱咤《しった》激励《げきれい》されます。

私の個人的な体験からいうと、私は幼い頃、「泣いては駄目」とか「頑張りなさい」と親から言われたことはありませんでした。でも、二人の弟たちは絶えず言われていたように思います。

「人と一緒に何かをする」ということは、社会に出るととても求められることなのですが、男の子はクラブ活動やスポーツ大会などで、こういう訓練はしばしば受けています。一方、女の子にはどちらかというとピアノのお稽古のように一人でやることのほうに片寄っているようです。どうも女の子は、その成長の過程において社会に出てから役に立つことが基本的に躾られていないように思います。

男の子は将来社会に出て、結婚したら妻子を養うことが前提になっていますが、女の子は最近でこそ社会に出て行くことが一般的になりましたが、それでも結婚したら夫と子どもを養おうとは考えていないでしょう。

社会に出た時、女の子の育ち方は、そのままハンディになります。仕事をすることは、我慢することが多いし、人前で泣いてはいけない場合がほとんどなのです。でも、実際に女性は仕事中に泣く人がいて大変困ります。

仕事に対して非常識な人もいることは事実です。ある時、私の事務所で総務の女性の求人広告を新聞に出しました。照明デザインに興味のある人が最近増えたためでしょうか、応募してくださる方が毎回多いのはありがたいことだと思っています。

最初は送られてきた書類で選考し、その次には四〜五人の人とインタビューをします。その後、事務所の中を見せて仕事をする状況を理解してもらうという手順です。

最終審査まで残った若い女性が私にこんなことを言いました。

「先生、私はこの事務所がとても気に入りました。ぜひ、入社させてください。ところで、私の親しい友人が一緒に仕事がしたいと言っています。私と友人と二人一緒に雇っていただけませんか。毎日一緒に出社したいのです」

私は唖《あ》然《ぜん》として彼女の顔を思わず見つめてしまいました。有名女子大学を卒業寸前の若い人です。

「職場はピクニックの会場ではありません」

と私は言って、お引きとり願いました。私たちの事務所のように小さな会社では、一人の新人を雇うということは採用する側も慎重なのです。一人のワクをそう簡単に二人にすることはできません。ましてその理由が、仲良しの友達と一緒に働きたいというのでは、無理な話です。やはり、仕事に対してあまりにも無知というのか、びっくりさせられたものでした。以来、私の事務所では新卒の女性は採用しないことにしました。仕事への心がまえのできていない人に来てもらうと、周囲が大変迷惑するのです。学校を卒業して数年社会で働いたことのある人——すなわち仕事の心がまえや、基本的な社会生活のルールをわきまえている人を総務のスタッフとして採用することに決めています。

日本人は集団で仕事をすることが得意であると言われています。個人個人の能力では決して格別に優れている人が多いとは思わないけれど、チームワークとなると力を発揮すると、海外の人々から言われています。

日本の女性は優秀だけどチームワークに適さないようでは残念です。若い女性は、自分は仕事向きに躾られていないという自覚を持つだけで、随分と心がまえが違ってくるように思います。

第3章

明かりを求めて
世界に旅立つ

I　広い世界へ

1. 明かりに出会う

私がその後一生の仕事となった「照明」と出会ったのは、二十四歳の時でした。

東京芸大を卒業して、渡辺力先生が主宰するデザイン事務所、「Qデザイナーズ」に入社した私は、毎日忙しく家庭用品や家具や電気製品のデザインに従事していました。

デザインが日本で根をおろしはじめていた頃で、デザインという言葉も珍しかった時代です。幸いQデザイナーズは、新進のデザイン事務所として名が通っていたので、仕事はたくさんありました。一部屋に仕事机が並び、一隅に応接スペースがあるという手狭なところで、スタッフが忙しく働いていました。

ある時、私に照明器具をデザインするという仕事が与えられました。デザイン展に出品するためのもので、制作は大手の電気製品メーカーが引き受けてくれるというものでした。出品するのは二つのタイプということで、一つは渡辺力先生がスケッチされたものを私が図面化し試作するというもので、もう一つは私が自分のアイディアをまとめて、図面化から試作まで行うというものでした。

私は、鉄板と乳白のプラスチックを折りまげたパーツを用いて、ペンダント(吊り下げ型の器具)やブラケット(壁付け型の器具)、テーブルスタンドに展開することができるシリーズの照明器具をデザインしました。

自分がデザインした照明器具の試作品ができあがった時、私は事務所の一隅にある打ち合わせテーブルの上にペンダントを吊るしてみました。コードをつなぎ、電源のスイッチを入れた時、私は、

「あッ!」


と驚いたのです。

試作品のペンダントに光が灯った時、テーブルの上に置かれていた本やコーヒー・カップが鮮やかな色で浮かび上がってきました。ガラスのコップもキラリと輝いて見えます。背後の白い壁には、光の濃淡が柔らかく映し出されてい

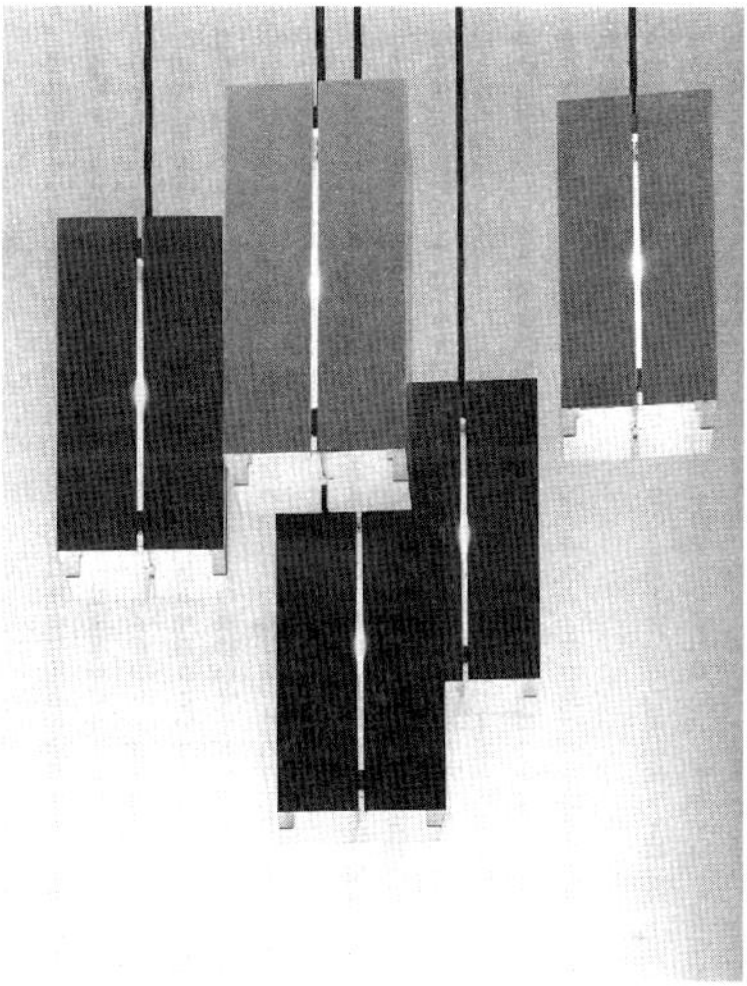
初めてデザインした照明器具

ます。

そう、光によって物の色や形は、はじめてわかるものなのです。材質感も光によって演出されるのです。壁の明暗も光によってつくられるのです。こんな当たり前のことが、自分がデザインした照明器具に光が灯ったことによって、はじめて理解できたのでした。

空間の中に光があるために、物が見えてくるのです。いってみれば、光が私たちの視覚世界を支配しているのです。

「光って、何と素晴しい存在なのだろうか！　光があって、私たちは空間が認識できて、色や形がわかるのだわ」

私は、この大発見にびっくりしたのです。大学を受験する前に、一生懸命学んだ形や色。大学での実技の中では、色彩や形状を覚えつくり出すことでした。それらのすべてを支配しているのは、光だったのです。

屋外には太陽光線があります。自然の光がすべてのものを見せているのです。

しかし、屋内に入ると、照明器具がその代わりとなります。特に窓から入る光のない夜は、照明器具から出る光によって私たちの視覚世界は支配されているのです。

光に対する興味がどんどんと募ってきました。光をデザインすること、これは当時の私にとって、照明器具をデザインすることでした。

「そうだ！　照明器具のデザインを勉強したい！」

と私は思いました。しかし、日本では照明は照明工学という電気工学の一分野で、光源や配光の測定といったもっぱら理工系の中におかれたものでした。

照明器具のデザインを勉強するにはどうしたらよいだろうかと悩んでいた私に、思いがけない出会いがあったのです。それは、「スカンディナビアン・ドメスティック・デザイン（北欧の家庭のデザイン）」という、イギリスで出版された分厚い本と出会ったことでした。本の中には北欧の美しい家具や食器やテキスタイルのデザインがカラー頁で紹介されていました。その頁を繰《く》っていた時、私は素晴らしいデザインの照明器具の数々を見つけたのです。

デンマークやスウェーデン、フィンランドのデザイナーによって作られた美しい家庭用の照明器具の作品が紹介されていたのです。どれも、優しい形をしたシンプルなデザインでした。印刷物からは想像するしかなかったのですが、そこから出る柔らかな光が推測できました。

「そうだ！　北欧へ学びに行こう！」

学生時代から将来は海外へ行きたいという夢を持っていた私は、この本の照明器具を見て心に決めました。

もちろん、難関はたくさんあるだろうと思いましたが、目標が明確になったことで、私はふるいたちました。

2. フィンランドへ就職留学

北欧へ行こうと決めた私でしたが、その後はなかなか思うようにことは運びませんでした。まず、奨学金を探したのですが、北欧はどこの国も、当時日本人の学生を受け入れる奨学金制度はありませんでした。

今でしたら自費で留学する人も珍しくありませんが、当時は一ドル＝三百六十円の時代でした。しかも、海外渡航する場合、一人の持ち出し額の限度は五百ドルという厳しい条件でした。仮に五百ドルを持って出たとしても、三カ月暮らすことがやっとというくらい、日本は物価や所得水準が低く、欧米は高かった時代です。

海外へ行く場合、親に迷惑をかけることなど、私はまったく考えていなかったし、私の家にはそんな余裕はありませんでした。

さて、どうしよう。そんな時、ひらめいたのが北欧で働きながら学べないかということでした。できれば、私が学びたいと思っている会社のデザイン部で働けたら、これに越したことはありません。

随分虫が良い考えではありましたが、私はデザインはインターナショナルな分野なので、当時の私の腕でデザイナーのアシスタントは充分できるのではないかと思ったのです。言葉は、英会話は高校の英語部の部長をしていたので、多少自信はありました。デザインの仕事の上なら、何とかコミュニケーションがとれるだろうと考えたのです。

また当時は北欧に行くことを目標にスウェーデン語を週一回、習っていました。スウェーデン語は英語に近いので、現地へ行けばそのうち慣れてくると思いました。

では、どうやって就職先を見つけたらよいのでしょうか？　答えは簡単でした。自分のこれまでの作品をまとめたものを送ってみることです。

今まで、Qデザイナーズでデザインしたものから十点ほど代表的なものを選んで、手製の作品集をつくりました。もちろんこの中には、はじめてデザインした照明器具のシリーズも入れました。

私が目指したのは、フィンランドのストックマン・オルノという会社です。当時ストックマン・オルノ社には、イタリアのビエンナーレ(国際的なデザイン展)で賞をとったユキ・ヌミ氏など、何人もの優れたデザイナーがいました。デザイン室長は、リーサ・ヨハンソン・パッペという女性のデザイナーです。アルミニウムとガラスを組み合わせた、しっかりとしたプロポーションの彼女の作品は、前述した「スカンディナビアン・ドメスティック・デザイン」の本の中で見た時から、親しい気持ちを抱いていていました。

「あなたの許《もと》でアシスタント・デザイナーとして働きたいのです」

私は、自分の経歴などを自己紹介したあとで、ストックマン・オルノで私を雇ってほしいという気持ちを述べた手紙を、リーサ・ヨハンソン・パッペ先生宛に書き、手製の作品集を一緒に送りました。

海外で雇ってもらうには、これまでの雇い主の推薦状が不可欠である、という話を聞いていたので、渡辺力先生にも推薦状を書いていただきました。

もしかしたら雇ってもらえるのではないか、と期待を抱きながら、私は待ちました。もし駄目だったら、奨学金制度のあるアメリカにまず行こう。それから、北欧へ行く道を探そうと、私は次の手段にも心を巡らせました。

フィンランドから、三カ月後に何と返事が来たのです。リーサ・ヨハンソン・パッペ先生からでした。

「あなたをアシスタント・デザイナーとして雇いましょう。九月一日からヘルシンキで働く用意をするように」

手紙には、一時間の時給が五マルカ(当時の日本円で五百円)とも書かれていました。時給五マルカで計算すると、月に七万五千円ほどになります。当時の私の月給は一万八千円ほどでしたから、それに比べたらはるかに高い月給です。これなら、ヘルシンキで一人暮らしをするのに充分でしょう。

念願かなって就職留学ができるようになった私は、一九六五年の夏、横浜から船出しました。横浜からハバロフスクまで船で、その後陸路を汽車と飛行機に乗りついでヨーロッパへ行くのは、当時最も安い行き方でした。

途中、モスクワで見物も兼ねて二泊した後、夜行列車で陸路ヘルシンキに向かいました。フィンランドの国境にさしかかった頃、短い夏の夜は明けて、森と湖に囲まれた美しい風景が続いていました。

とうとう北欧に来た！　これから照明器具のデザインを勉強するのだ！と私は期待に胸をおどらせました。私の「光の旅」のはじまりでした。

3. 恩師リーサ・ヨハンソン・パッペ先生

一九六五年の九月一日、私はヘルシンキのストックマン・オルノ社へ出社しました。デザイン室は、市の中心マンネルヘイミンティエ通りに面したレンガ造りの古い建物の四階にありました。ストックマン・オルノ社は、フィンランドを代表する照明器具会社で、当時はストックマン百貨店の姉妹社で、デザイン室は百貨店の事務棟の中にありました。

室長のリーサ・ヨハンソン・パッペ女史は五十代後半の中背の女性で、にこやかに笑みを浮かべて、

「モトコ、よく来ましたね」

と手を差し延べてくれました。

続いて、デザイン室の全員に紹介されました。アクリルを組み合わせた斬新なデザインで当時から有名だったユキ・ヌミさん。中年の髭《ひげ》を生やした紳士です。続いて女性デザイナーのスベア・ウィンクレアさん。そして同僚となるヘイキ・トルネン君とレアさんの総勢五人のチームです。部屋は広々としていて机も大きく、みんなのびのびと図面やスケッチを描いています。

仕事は朝九時からはじまって、十二時から一時間の昼食、そして午後は三時すぎに十五分

間のティータイムがあって、五時半に終了です。残業はほとんどありません。

　私の仕事は、ヨハンソン・パッペ先生が描いたスケッチを図面化することで、現寸にする場合や、カタログにのせるために小さなものにするなどさまざまですが、東京でやっていた仕事に比べたら、時間もゆっくりなので楽なものでした。

　デザイン室の皆さんとは、すぐに打ちとけました。ウィンクレアさんは、食事やお茶に誘ってくれました。英語も上手でコミュニケーションも上手くとれました。でも同僚のヘイキ・トルネン君とレアさんは、英語はほとんど駄目で、もっぱらフィンランド語です。私も一生懸命フィンランド語を覚えました。

ヘルシンキの市内で

　ヨハンソン・パッペ先生は、当時週に半日、デザイン系の大学で教えていたほど、教育には熱心な人でした。東洋の国からはるばるやってきた若いアシスタント・デザイナーの私に、彼女はさまざまなことを教えてくれたのです。
「光は浴びるものです」
「照度の計算は目安です。それだけを信じてはいけないのです」

「照明器具で最も大切なものは、光源なのです」

「照明器具のかたちは、光源から出る光をコントロールするためのものなのです」

私が今でも座右の銘としている言葉の数々は、ヨハンソン・パッペ先生から教えていただいたものです。

仕事場だけのつきあいではなく、先生はよく私を自宅に招いてくださいました。ストックマン・オルノ社から歩いて十分位の街中のマンションで、当時娘さんと二人暮らしでした。年老いたお母様も同じマンションに住んでおられて、時々顔を見せます。

暗い長い冬の夜、私はよく先生の居間の大きなテーブルでコーヒーを飲みながら、先生のお話を伺ったものです。

第二次大戦の頃、フィンランドでは国境を越えて攻めてくるソ連兵を討つために、若い男性は義勇兵に、女性は看護師に志願して、戦線に赴いたそうです。ヨハンソン・パッペ先生は、看護師として国境の民家で負傷兵の看病にあたり、そこで知り合ったドイツの将校と周囲の反対を押し切って結婚しました。夫君はその後、ドイツに戻り戦死され、残された赤児の娘さんを一人で育てたという、つらい経験をお持ちでした。

パッペ先生と友人たち

私も最愛の父を戦争で失っているため、先生の体験には深い同情の気持ちを持ちました。二十世紀は戦争の世紀とも言われていますが、幾度もの大戦で世界中でたくさんの不幸な出来事があったと思い知らされました。

二月の厳寒の頃、先生は私をスウェーデンの第二の都市、ヨーテボリ市で開催される「北欧照明見本市」に誘ってくださいました。同時期に市の美術館で開催されるパッペ先生と、彼女の親友で世界的に有名なフィンランドのテキスタイル・デザイナー、ドーラ・ヨング女史との二人展の準備があったのです。ヨハンソン・パッペ先生とドーラ・ヨング女史が滞在する市のホテルの同じ部屋に、私は先生方の好意に甘えて、子ども用の補助ベッドを設けてもらって滞在しました。

まだ真夜中のように暗い朝に、部屋の円《まる》テーブルで朝食をとり、二人の女性デザイナーとしての大先輩から、さまざまな話を聞きました。デザインのことから政治、経済や国際問題までと話題は幅広く、デザイナーにはデザインの腕だけではなく、高い教養が必要だと痛感させられました。この二人の大先輩から、私は品格の高さと、どこでもきちんと立つ真っ直ぐな前を向いた姿勢の大切さを学びました。

Ⅱ　ヨーロッパでの仕事

1. 建築照明を知る

リーサ・ヨハンソン・パッペ先生の計らいでヨーテボリ市を訪れた私は、北欧の照明見本市で新しい照明器具を見たり、照明業界の人々に会ったりして、さらに新しい世界が開けたのでした。

その中に、ドイツのリヒト・イム・ラウム社の社長、ヨハネス・ディンネビア氏がいました。氏は私に自分たちがデザインして施工した建築空間の照明の写真をたくさん見させてくれました。今まで、照明器具のデザインしかしたことがなかった私にとって、建築照明はまったく新しい分野でした。熱心に写真を見る私に、ディンネビア氏は、ドイツに来る機会があったら、作品を案内しようと言ってくれました。

ヘルシンキに戻ってから、私はぜひドイツに行って建築照明を実際に見てみたいと思うようになり、春になってから短い休暇をとってドイツに出かけたのです。この時も、ドイツへ行く一番安いルートでの旅でした。まずヘルシンキから西の港町トルクへはバスで、そこからストックホルムまでは夜便の船で、ストックホルムからは汽車で南へ下り、フェリーと汽車を乗り継いでデンマークを横切りドイツへ入るというルートです。船も汽車の旅も楽しく、当時日本人は珍しかったせいか、会う人たちはみんな親切でした。

リヒト・イム・ラウム社は、当時デュッセルドルフの中心地にありました。社長のディンネビアさんは、約束通り自社の作品を見せてくれました。まず、車で一時間程北へ行ったドルトムント市の市立劇場です。

建物の中に入るなり、私は目を大きく見開き、自分が置かれた空間の周辺を見渡しました。それは今までに体験したこともない光の空間だったのです。

大きな三階分の吹抜けのロビーの壁には、たくさんの電球とガラスの球がむき出しで取り付けられていました。電球が発する光が近くの透明なガラスの球に映り込んで、反射した光が空間に散っています。

数えきれないほどたくさんの電球とガラスの反射光の光のきらめきが、壁の反対側の大きなガラス面に無数の光を映り込ませています。

大きな壁と大きなガラス面が互いに共鳴するかのような光によって、まったく昼とは違った別の空間を、夜になると作り出しているのです。

「光のマジック」のようなこのデザインに私はすっかり感動したのでした。今まで取り組んでいた照明器具から、大きな新しい世界を知った瞬間だったのです。

いくつかの建築照明を見せられた後、ディンネビアさんは、奥さんと四人の子どものいる自宅へ夕食に招待してくれました。今度は私が自分の作品を見せる番でした。

東京でやってきたデザインと、ストックマン・オルノで作った図面を見せると、ディンネビアさんは、私にこう言いました。

「建築照明に興味があるのなら、私の会社で働きませんか」

ヘルシンキに戻った私は、ヨハンソン・パッペ先生に相談しました。照明器具のデザインは、ほぼマスターしたと思っていた私は、次は建築照明を実地で学びたい気持ちだったのです。

「フィンランドの美しい夏を見ないで行ってしまうのは残念だけど、ディンネビアさんのところなら、いいでしょう」

ヨハンソン・パッペ先生は、ディンネビア氏の仕事を評価していたということで、私のドイツ行きを賛成してくれました。

一九六六年の初夏、私はヨハンソン・パッペ先生やストックマン・オルノ社の同僚、友人たちに見送られて、ヘルシンキの港からコペンハーゲン行きの船に乗りました。二泊三日のバルチック海の船旅でした。

リヒト・イム・ラウム社では、月給千マルク(日本円で十万円)というよい条件でした。日本と比べてずっと良いと思っていたフィンランドの月給よりもさらに高額だったのです。これなら、ちゃんとしたアパートを借りて貯金もできる余裕もありそうです。

いつか、ヨーロッパの他の国々を訪ねてみたいと思っていた夢もふくらみました。建築や都市、そして憧れの美術館をぜひ見てみたいと、幼い頃から考えていたことが、現実に近づいてきたのです。

もちろん、ドイツでこれから体験する「建築照明」にも期待で胸を躍らせました。今まで、考えてもみなかった新しい光の世界が、私の目の前に開けてきたのでした。

2. ドイツで働く

ドイツの会社は朝が早いのです。工場は七時から、オフィスは八時からが普通です。八時からはじまるということは、日本のように八時ギリギリに入って、お茶など飲んで一息ついてからはじまるといった悠長なものではなく、八時前にはオフィスについて、準備をして八時きっかりには、運動会のヨーイ・ドンといった感じで、仕事がスタートされるのです。

昼休みは十二時からの四十分間で、外に食事に行く人はわずかで、ほとんどの人は黒パンにチーズやハムをはさんだ簡単なサンドイッチを鞄から出して食べ、会社が用意したコーヒーを飲んで終わりという質素なものです。

ティータイムは特にありません。午後は五時半までフルで働いて、忙しい時には残業があります。土、日は休みで出社することはほとんどありません。

朝の八時からフル回転で夕方五時半まで働くと本当に疲れて、その後どこかへ行く元気もないというのが私の状態でした。

フィンランドでは、私はアシスタント・デザイナーでしたから、ヨハンソン・パッペ先生の言われるままに仕事をこなしていけばよかったのです。でも、ドイツでは私は一人前のデザイナーとして雇われたのですから、仕事もきちんと自分でこなしていかなくてはなりません。

当初、ドイツは戦後の経済の復興期でしたから、仕事は山のようにありました。私がまかされた建築照明の仕事は、まず、教会の内部の照明器具のデザインでした。照明器具といっても、フィンランドでやっていたような家庭用のものではなく、大きな教会の聖堂に吊られた直径五〜六メートルはある大きなシャンデリアのようなものなのです。

教会内の床面を明るくすると同時に、空間にも適切な明かりを作り出さなくてはなりません。そして、教会もカトリックとプロテスタントでは表現するかたちが違うのです。これまで教会とは無縁だった私は、戸惑うことばかりでした。

加えて困ったのはドイツ語です。社長のディンネビアさんは英語が話せたので、私とのコミュニケーションは問題ありませんでしたが、デザイン室の同僚はまったく英語を話せないのです。

スタッフは五名でチーフは三十代後半の男性、他は二十代後半から三十代後半の男性デザイナーたちです。英語を多少できる人がいたのでしょうが、絶対にドイツ語以外は使おうとしないのです。私はというと、ドイツ語は片言もできませんでした。雇ったほうも雇ったほうと、ドイツ人スタッフは、社長がなんでドイツ語ができない外国人の女性デザイナーを雇ったのだろうと、どうも最初から反感を持っていたようでした。

私もドイツ語を覚えるのに必死でした。まず、単語は子ども用の絵本を買って覚えました。あとは周囲の人が話すのを全身を耳にして聞いて覚えたのです。こんな環境で何とか三カ月経つとだいたいのことはわかるようになりました。

言葉が不自由な分だけ、仕事を速くやることで取り返したいと、次々に来るプロジェクトに没頭しました。手早くアイディアをまとめ、図面を描いていくという仕事です。

幸いディンネビアさんは、私が出すアイディアを気に入ってくれました。おかげでよい仕事が次々とまわって来ます。男性デザイナーたちのやっかみもありました。

「社長は小柄で黒い髪の女性が好みなのだ」

とわざと私に聞こえるように言うのです。私はそんな言葉はわかっていても無視することに決めました。

リヒト・イム・ラウム社はデザインをするだけではなく、製作部門があって自社でさまざまな器具を製作します。パーツごとに外部で製作されるのですが、組み立ては社内で行われます。

マイスター(職長)と呼ばれる親方がその総指揮をとるのですが、大きなシャンデリアが目の前で組み上げられていく過程はとても面白く、物づくりの楽しさを満喫しました。チームには、エンジニアもいて配線などさまざまな技術的な相談に乗ってくれます。

中部ドイツの歴史都市ビュルツブルグにある市立劇場の大きなロビーに三台のシャンデリアをデザインする仕事が私にまわされました。

新しいデザインの劇場なので、シャンデリアも伝統的なクリスタルのものではなく、新しいアイディアのモダンなものというコンセプトです。

私はガラスの球をたくさんつけた、透明なシャボン玉の泡の中に、光がきらめく大シャンデリアを三台、このロビーのためにデザインしました。点灯されて光輝くシャンデリアは好評で、現在でも大切に使われています。

3. デザイン・ビジネスと厳しい競争

ドイツのデザイン室は、きちんとしたシステムで運営されていました。プロジェクトにはすべて番号がつけられます。図面も完成されたものには、きちんと番号がつけられ、誰がいつ描いたものかわかるようになっていました。

ファイリングも誰にでもわかるように、きちんと整理されていました。打ち合わせのメモや見積りなどがファイルごとにわけられ、綴じられて、整然と棚に並んでいました。

当時から年間四週間の休暇がとれるようになっていたドイツでは、働いている人たちが、夏の間一カ月も休暇をとることが珍しくありませんでした。しかし会社は休まないのです。ではその間どうしているかというと、別の人が仕事を受け継いで処理するのです。そのためには、誰でも関係のファイルが見つけられて、そのファイルを開けば仕事の内容がわかるようになっていなければならない、というのがドイツのデザイン室でのやり方でした。

日本はどうかというと、私がいたデザイン事務所では、ファイルどころか図面にもナンバーは記入されておらず、担当者が休んだらお手あげの状況でした。

机の周りはいつも書類や物が積み重なっていて、担当者さえも探すのに一苦労といった光景は、今でも日本のオフィスでは見られるものです。

ドイツでは、こんなことはまったくなくて、いつも机の上には、今やっているものだけで、余分なものはありませんでした。

こういうオフィスのシステムには、もう一つ大きな理由があることに、私はドイツの会社で仕事をはじめて数カ月後に気が付いたのでした。

その頃、好景気だったドイツの経済に一時的にしろ陰りが出たのでした。その時のことです。リヒト・イム・ラウム社では、総務の人を二人、そしてデザイン室のスタッフを二人、突然解雇したのです。

「こういう時には、よい人を雇えるから」

というのが、会社が四人を解雇した理由でした。

数週間後に、すぐに後任の人が決まって、新しい人が四人入って来ました。総務の人はその仕事ぶりが私にはよくわからなかったので何とも言えないのですが、デザイン室に入社して来た人は、明らかに前の人よりも優秀でした。それに、仕事をする態度も謙虚で素直なのです。

彼等にとって私は前からいる先輩ですから、悪口など絶対に言いません。物腰も丁寧で気持ちの良いものでした。

こんな時、オフィスのファイリング・システムや図面管理は大変役に立ちます。新しい担当は、自分の仕事となった関係のファイルをよく読み、図面にも目を通します。その後の仕事の引き継ぎに何の混乱もなくスムーズなのに、私は大変驚かされました。

日本の会社は一度正式に採用になった人は、よほどのことがない限り、簡単に解雇されることはないでしょう。しかし、ヨーロッパの会社では、そう珍しいことではないようです。

のちに経験することですが、アメリカの会社では、もっと厳しいようです。ある設計事務所で長年働いた人でも、社長に呼ばれて、その日のうちに荷物をまとめて退社した人を、たまたま目撃したことがあります。

何もここまでドラスティックにやらなくてもよいものをと思ったのは、日本的な習慣になれた私が持つ感慨なのでしょうか。

欧米の建築やデザイン会社で、人はいつも厳しい競争にさらされているのです。日本でも、いつかはこういったことが、当たり前になってくる日が来るのでしょうか。

III 海外で学び暮らすために

1. 外国語を使う

海外へ行きたい、外国の学校で学びたい、日本以外の国で働いてみたい……。そう思っている若い人が多いことと思います。現在のように、外国へ行くことも、そこで暮らすことも自由にできる時代になって、そう考えることは当然でしょう。

でも、日本では長い年月、そういうことができない時代がありました。江戸時代は鎖国で、外へ向かう扉は閉ざされていて、その扉を破って外へ出ることは、死を意味したのです。明治から大正、そして昭和の初期は、外国へ行くことができるのはごく一握りの人たちでした。大秀才であったり、国や企業の期待を一身に担う、または、親が大金持ちという恵まれた人しか、外国へ行くことは許されなかったのです。

昭和の十年代になると、戦雲が垂れ込めていましたから、中国大陸へ行くのはともかくとして、欧米には、国の任務を帯びた人以外は行くことができませんでした。

今は、誰でも自由に行くことができますが、世界中の国の人がこのような自由を許されているかというと、そうではありません。つい二十年前まで、ロシアや東欧の人々は、西欧やアメリカなど、外国へ行くことはできませんでした。つい先頃まで、中国の人々もそうでした。

自由に外国へ行けるということの意味を、それがどんなに素晴しいことかということを、皆さんは忘れてはいけません。

そんな恵まれた時代の日本人として生まれてきたわけですから、私は皆さんに、ぜひ、海外へ行くことをすすめたいのです。

外国へ行くということには、二つの大きな意味があります。一つは、違う国の文化に触れ、さまざまな未知の人に会うことです。もう一つは、外から日本を見ることができるということなのです。

行く先の国によって、文化も人もみんな違うでしょう。また出会った人や場所によって、あなたが幸運であれば、良い人たちに巡り合って、楽しく外国の生活を送ることができるでしょうし、また、その逆であったら、さまざまな苦労が強いられるでしょう。しかし、そのどれもが貴重な体験として将来、生きてきます。

一方、外国の地から日本を見てみると、さまざまなことがわかってきます。日本では当たり前と思っていたことが、海外ではそうではないことに気が付いて驚かされる体験を、私はたくさんしました。日本の中にいると、自分の周辺のことで悩むことも多いのですが、これは閉ざされた社会の中での悩みであったと気が付くことが多いのです。日本の当たり前が、外国では当たり前ではない、ということに気が付くだけでも、海外へ出た意味があると私は思っています。

海外へ行って大切なのは、コミュニケーションです。人と人とが理解をするのに、言葉は最も大切な手段です。よく、ボディー・ランゲージで大丈夫などと勇ましいことを言う人がいますが、私はそれは間違っていると思います。旅行に行って欲しいものを手に入れる程度にはそれですませることができますが、もっと高度な相手の考えを聞く、自分の意思を伝えるには、言葉が必要です。

現在のところ、世界で最も通用しているのは「英語」です。まず、英語を使えるようにすることが大事なのです。世界中にあるさまざまな言葉の中で、英語は比較的、楽な言葉なのです。ドイツ語のように、名詞に三つの性（男性形、女性形、中性形）があるわけでもなく、フランス語やイタリア語のように、複雑でたくさんの過去形があるわけでもない英語は、それなりに世界に普及していった理由があるように思えます。

英語で聞く、話す、書くことは、海外で学び暮らすために、必ず必要なのです。はじめは誰でも下手です。聞きとれない、話せないという失敗を、私もたくさんしました。今でも、私の英語は決して上手なわけではありません。でも、仕事のコミュニケーションには、英語が欠かせません。海外に講演に招かれて、さまざまな国でスピーチをしましたが、これはすべて英語でした。

自分で伝えたいことを「英語で伝える」ことは、とても大事なことなのです。でも、私は英語のプロ（翻訳者や英語の先生など）ではないのですから、上手でないのは当たり前なのです。要は自分の考えをきちんと伝えることが大事なのです。

英語は、音楽の楽器を習う時のピアノのようなものです。ピアノが弾けるようになると、楽譜がわかるようになり、音楽と親しみます。となるとピアノをはじめとして、他の楽器も弾けるようになります。英語もピアノと同じように、世界の言葉の入口を開ける扉なのです。英語から入ると、ドイツ語もフランス語もイタリア語も、すぐに慣れます。

地球がますます狭くなり、世界のさまざまな国の人たちとのつき合いも多くなってくる二十一世紀を生きる皆さんは、日本語の他に、ぜひ英語に慣れてください。そして、英語の次にはもう一カ国、自分の好きな国、親しい国の言葉にチャレンジしてみてください。

2. 外国で働く

外国で働きたいと思っている人も多いことと思います。二十一世紀に生きる皆さんには、ぜひ、体験してほしいことでもあります。

外国で働くということは、実はなかなか大変なことなのです。日本では学生のアルバイトは簡単に見つかります。そもそも、学生アルバイトをあてにして成り立っている商売も多いわけですから、仕事の内容を選ばなければ、すぐにでも見つかるでしょう。

外国で働く場合には、必ず「労働許可証」というものがいるのです。国によっては、さまざまな条件がついている場合があります。例えば、週に何時間というように、働ける時間を制限しているものも多いのです。

私の場合は、フィンランドのストックマン・オルノ社で、デザイン室長のリーサ・ヨハンソン・パッペ女史のアシスタント・デザイナーとして採用が決まってからしばらくして、雇い主の会社である、ヘルシンキのストックマン・オルノ社から正式なレターが来ました。

「あなたを一時間五マルカ(当時)の賃金で、アシスタント・デザイナーとして採用します」という内容のものです。日本を発《た》つ前に、私はこのレターを持ってフィンランド大使館へ行き、自分のパスポートの一頁にフィンランド共和国の労働許可スタンプを押してもらい、これを持って入国したわけです。この許可証がないと、不当労働行為として、場合によると国外退去になったりするのです。

フィンランドで一年過ごしてから、私はドイツの照明デザイン会社に移りました。ドイツの会社から採用のレターを貰って、ヘルシンキのドイツ大使館で労働許可証の入手を申請しましたが、この時はとても大変でした。というのは、当時、ドイツは経済の復興期であったため、さまざまな国から外国人労働者を入れていたのでした。主に工場で働く人たちで、スペインの南部やトルコなど、当時所得が低かった国の人々が大勢ドイツに来て働いていました。
おそらく、ドイツ大使館の机の上には、申請書が山積みされていたのでしょう。フィンランドへ来た時と違って、待てど暮らせどドイツ大使館からは返事がありません。しびれをきらして、私は就職先のドイツの会社に頼んで、ヘルシンキのドイツ大使館に掛け合ってもらうと同時に、私もドイツ大使館の担当官のところへ直談判に行って急いでもらって、やっと労働許可証を入手したといういきさつがあったのです。

就職先の会社があったデュッセルドルフに着いてすぐに、私は市の窓口に労働許可証を持って行き、手続きをしました。

こういった手続きを経《へ》て、はじめて月給を受けとることになるのです。月給からはもちろん、さまざまな税金を支払わなくてはなりません。就職する——働くということは、こういったさまざまな社会的義務の中で仕事をするということなのです。

ドイツでは「教会税」というのがあって、月給の一部が教会に差し引かれます。高校の世界史の中で教会税というのを習ったことがありましたが、現代でもあることに驚かされました。私は、クリスチャンではないので、

「教会税は払う必要が無いと思います」

と言いに行ったら、払わなくてもよいこととなりました。一般にかけられている税金も、納得できる理由があれば、払わなくてもよいということにも驚いたものです。

ヘルシンキでの暮らしでは、私は部屋を借りていました。大家さんの家の一部屋で、台所やバスルームは共用でした。はじめての外国暮らしであったことや、ヘルシンキのように冬寒い場所でのはじめての暮らしは戸惑うことも多く、何でも気楽に生活上のことを聞ける家族が近くにいることは、とても心強いことでした。親切で気持ちのよい中年の夫妻が家主で、きちんとした契約書らしいものも取りかわすことはありませんでした。

ところが、デュッセルドルフに移って、ワンルームにキッチンとバスのついたマンションを借りたのですが、この時には、きちんとした契約書が渡されました。家主は同じマンションに住む夫妻でした。特に厳しいきまりが細かく書かれていたのは、引っ越す時のチェック事項でした。家具付きで、台所用品からコップまでついていたこのマンションでは、細かい備品がすべてリストアップされていて、破損した場合の弁償の方法まで書かれていました。いかにもドイツらしい几帳面《きちょうめん》な契約書で驚かされたものです。

旅行などで滞在するのと違って、働いて暮らすということは、その国の法律のもとでその国の人たちと同じように暮らすということなのです。日本の企業でそこの出先機関として外国で暮らす場合には、企業という大きな傘の下で暮らせますが、個人で働く場合には、それなりの心がまえが必要であることは、言うまでもありません。

3．私にできること

大学生の頃から将来海外へ行きたいと私は考えていました。おそらく、小さい時から祖父のヨーロッパでの暮らしを聞いていた私は、いつか私も大きくなったら外国へ行きたいという夢を持つようになったのでしょう。

高校の時、一年間アメリカに留学できるという制度があって、毎年学年で一人選ばれて留学しましたが、高校一年の時、病気が二つ重なって留年した私にとって、健康上の理由で、この試験に応募することができませんでした。

大学に入ってからは、自分の腕を磨くことに精一杯で、とても留学どころではありませんでした。現役で芸大に入った私にとって、二浪、三浪もしている同級生たちはみんなデザイン技術に長《た》けていて、私はけっしてできのよい学生ではなかったのです。

先輩のコンペを手伝ったり、外部のデザイン技術を教えるセミナーに通ったり、デザイン事務所にアルバイトに行ったりして、早く自分のデザイン力をつけようと一生懸命でした。

当時、デザインは他の学科に比べると一早く国際化していました。「世界デザイン会議」が在学中に開かれ、雑誌でしか見たこともない有名なデザイナーが来日して、一躍デザインの分野が世界に向かって開かれた時でもありました。

将来、海外へ行きたいと思っていた私にとって、ヨーロッパやアメリカで自分で働きながら勉強することが夢でもあったのです。

デザインの腕さえあれば、ヨーロッパでもアメリカでも、私を働かせてくれるところがあるのではないか、と私は漠然と考えていました。自分にできることは何なのか？　何ができれば海外でも働けるのだろうか？　というのが、私の大きな関心事でした。

デザインというのは、さまざまな条件のもとで、形をつくっていくということです。特にプロダクト・デザインでは、条件を満たし、さまざまな素材や製造方法を考えながら、自分ならではの美しいモノを作っていくことが要求されます。

そして、一番大事なのはアイディアを出すことです。頭に浮かんだものをどんどんスケッチで形にしていく訓練を私はたくさんしました。数多いアイディアの中から、これはと思うものを絞り込んで、その案をさまざまな角度から発展させていきます。そして、図面を作りパースを描き、模型を作っていきます。

このプロセスはどこの国もほとんど同じなので、こういう力がつけばどこでも働けるわけです。後はスピードです。学生とプロの違いはスピードにあると私は思っています。ゆっくりと時間をかけてデザインをしていくことは教育の過程では許されますが、プロの仕事としては時間が勝負なのです。

東京のデザイン事務所で三年間、忙しくさまざまなデザイン・ワークをこなしていた私にとって、フィンランドのストックマン・オルノでのアシスタント・デザイナーの仕事は、まったく何の問題もありませんでした。仕事のペースはゆっくりでしたし、仕事の質もほとんど日本でやっていたことと変わらなかったのは、当時の東京の一流事務所であったQデザイナーズの質の高さがかなりのものだったということでしょう。

一方、ドイツの照明デザイン事務所に移ってからは、アイディアを出してまとめることから、きちんとした図面を作成することまでかなりのスピードが要求されました。

「あなたはこの仕事をどのくらいの時間の中でできるか?」

と問われたことがたびたびありました。

日本ではあくまでもチームの一員としてみんなと一緒に仕事をしますし、その時にスケジュールや目標があったとしても、一人一人が自分の時間を会社に売って仕事をしているという考えはないと思いますが、海外の仕事の場合は、時間と自分の能力を提供しているという考え方が強いのです。したがって、会社に売った時間の中で、無駄なお喋《しゃべ》りをすることは許されないわけです。

外国で仕事につこうと思ったら、自分は何ができるということと、そのできることは、一時間いくらにあたるのか、という意識を持つことでしょう。もちろん、あなたの能力が安く評価される場合があったら、堂々と反論しましょう。認められればすぐにベースアップにつながるのが、海外の仕事のやり方です。

4．魅力ある国際人とは？

私は若い頃から国際的に通用する人になりたいと願っていました。日本だけでしか働けないのではなくて、外国でも働ける人になりたいと思ったのです。

二十代の後半で外国に働きながら暮らした私は、ほぼその夢は叶ったわけですが、その後、アメリカを中心に海外の仕事をしたり、世界の各地で講演をしたりするうちに、何とか国際的に高く評価される人になりたいと思ったものでした。

日本の中にいると、言葉遣いや物ごしで何となくどの程度の人かということがわかります。

また、あまり好ましいことではありませんが、服装や身なり、持ち物で人を見分けることは、よく行われているやり方です。

一方、日本を出ると言葉遣いで相手から判断されることになるのは、あまり英語が上手でない日本人にとって、ありがたくないことなのです。私は英語を話すことが嫌いではありませんが、高校卒業後は英語をきちんと学校で習ったことはないので、けっして英語が上手とは言えないのです。

では、どうしたらよいのでしょうか。まず背筋を伸ばしてきちんと立つことなのです。そして前に向かって姿勢よく歩くことです。どうも日本人は立ち姿、歩き姿が良くないと海外で会う日本人を見て思うのは、私だけでしょうか。

背筋を伸ばして顎を引いてすっきりと立てば、それなりに堂々としてくるものです。中国人は上の位になると意識的にこうやっているように思います。

また、気になるのは日本人の握手が下手なことです。お国柄によって多少の違いはありますが、握手というのは相手の手をきちんと握ることなのです。ドイツ人は力を入れて握りますので、ドイツの大見本市に招かれて行った時には、私の手はその後腱鞘炎《けんしょうえん》になったほどです。

一方、日本の人は、ただ手を差し出すだけできちんと握らない人が多いようで、残念です。何か相手から誠意がないように受けとられます。握手の時は手を差し出されたら、きちんと握りましょう。

相手の眼を見て話をする習慣が日本にはありませんので、これも誤解を受けるもとになります。話をする時には、なるべく相手の眼を見て話をするようにしましょう。

1970 年代の頃

空港の通関や飛行機の乗り降りなどに、我れ先に行く日本人が多いのも困ったものです。特に出張中の日本のビジネスマンに目立つ行動です。例えば、女性やお年寄りがいたら手を貸してあげたり、前を譲るといった、ちょっとした親切もおかまいなしの男性が多いのも日本人です。

こういう人たちは、国際人として好意を持たれないのは当然のことです。英語が上手なことや、フランス語が喋れるといったことが国際人の条件ではないのです。一人できちんと立ち、立ち振る舞いがきちんとしていなくては敬意を払われることはないのです。

そして、最も大事なことはその人が国際的な視野を持っていながら、日本のことを知っているかということなのです。日本人としての教養と美徳をそなえていれば、たとえたどたどしい英語を一生懸命喋っても、その内容が立派なら充分に尊敬されるのです。

二十一世紀に、私は魅力ある国際人が日本から大勢出て来てほしいと願っています。さまざまな分野で活躍する人がたくさん現れてほしいと心から願っているのです。

世界は広く日本では当たり前のことでも、当たり前ではない国や地域がたくさんあります。皆さん方が、自分の能力を生かして活躍できる場は無限に広がっているといっても言いすぎではありません。

それにはまず、あなた自身が魅力ある日本人になってください。どこへ行っても背筋をピンと伸ばし堂々と立ってください。

そして、差し出された手はしっかりと握って握手をし、相手の眼を見て話をしてください。

それだけであなたは充分に魅力ある人として受け入れてもらえることでしょう。

第4章

照明デザイナーとして生きる

I　照明デザインのはじまり

1. 帰国して

フィンランドでは照明器具のデザインを、ドイツでは建築空間の照明デザインを、実際に仕事に従事しながら学んだ私は、一九六八年から、日本での仕事の第一歩を踏み出したのでした。

ところが、それまでに「照明デザイナー」という職業がまったくない日本では、私が何をやる人なのか誰にもわからなかったのです。

「照明デザインをヨーロッパで学んできました。日本でぜひこの仕事をやっていきたいのです」

こう私が人に話をすると、

「シャンデリアのデザインをするのですか?」

「ファッション・ショーの照明をやる人ですか?」

という質問が返ってきます。

「いいえ、建築空間の中の光をデザインして、空間を光で変えるのです」

と私が答えても、何のことやら理解されず、きょとんとした顔をされるばかりでした。だんだん不安になってきた私は、東京芸大の建築科の同級生や先輩に、私が日本でやっていくにはどうしたらよいか尋ねました。

　彼らの答えは私にとって絶望的なものでした。

「そんな職業は成り立たないのではないか。第一、誰があなたにデザイン料を支払うのか？」

というのです。たしかにデザイン料を払ってもらわなければ、職業として成り立ちません。

　どうしたらよいのだろうか？　こんな時、

「いつでもドイツに戻って、私の会社で働いてほしい」

とドイツを去る時、こう言ってくれたリヒト・イム・ラウム社のディンネビア社長の顔と言葉を想い出したものでした。

　どうしても日本でやって行かれなかったらドイツに戻る手はあるけれど、まずできるだけ日本で頑張ってみようと、私は「照明デザイン」が仕事として成り立つまでには、かなり長期戦になるだろうと覚悟を決めました。

何しろ、いろいろな人から情報を集めることが大切だと考えた私は、次に年配の建築家を訪ねました。知人の紹介でお会いしたこの建築家は当時五十代の方で、自分の事務所を持ち四～五人のアシスタントを使って仕事をしている、建築界では多少名の知れた方でした。私はフィンランドやドイツでやった仕事の写真を見せて、私が勉強してきたことやこれから日本でやっていきたいことを一生懸命話しました。何とかこの方には「照明デザイン」を理解してもらって味方になってほしいと思ったからでした。

私の話を熱心に聴いてくださったこの建築家は、こう言われたのです。

「あなたのやってきたことと、やりたいことはわかりました。しかし、僕としては何とも言えません。建築雑誌の編集部を紹介してあげるから、そこの人たちの意見を訊《き》いてみたらどうですか？」

紹介を受けた私は、早速建築雑誌の編集部を訪問しました。そして、同じようにヨーロッパでの作品の写真を何枚も見せて、建築における光のデザインがどういうものであるかを説明したのです。

話を聴いてくれた編集部の人から、意外な申し出がありました。

「わかりました。確かにあなたの言う光のデザインは、建築照明として今までにない新しいものです。雑誌に掲載することを考えましょう。ただし、その前に何人かの建築家に会って、その人たちがどう言うか意見を訊いてみてください」

といって、紹介されたのが、当時日本を代表する錚々《そうそう》たる建築の第一人者の方たちだったのです。いってみれば、私にとって試験を受けに行くようなもので、その先生方に、新しい照明デザインの考え方と私の作品が、雑誌に紹介するに値するものかどうか見てもらうということなのです。

丹下健三《たんげけんぞう》、菊竹清訓《きくたけきよのり》、磯崎新《いそざきあらた》、黒川紀章《くろかわきしょう》といった大先生たちで、丹下先生、黒川先生は故人となられましたが、菊竹先生、磯崎先生は今もお元気で活躍されています。当時の私にとって、皆さんが雲の上にいるような方々でしたから、身が引き締まるような思いでした。

「本当にこんな偉い先生方が、私のような若輩《じゃくはい》に会ってくださるのだろうか」

私は戸惑いながら、電話でアポイント(面会の約束)をとりました。編集部から連絡をしてあったので、私は先生方に会うことができました。

意外なことに、先生方は皆さん熱心に話を聞き、私の作品を見てくださったのです。

一番驚かされたのは、菊竹清訓先生の事務所を訪れたときでした。話を聞き終った先生は、事務所のスタッフに言いました。

「今設計中の萩《はぎ》市民館の模型を持ってきてください」

運び込まれた大きな建築模型を指さしながら、菊竹先生は建築のコンセプトを説明されます。

「ところで、この大屋根の照明を、あなたならどうデザインしますか？」

私は二つの案のデザインをその場で考えて説明しました。

「わかりました。この市民館の照明デザインをやってみてください」

思いがけない言葉に、私は本当にびっくりしました。まさか仕事をいただけるこんな結果になるとは、夢にも思わなかったからです。

次に訪ねた黒川紀章先生からは、数日後に電話があって、建築照明の仕事の依頼を受けたのです。

丹下健三先生、磯崎新先生からも、建築照明の新しいデザインのあり方として好意的なコメントをいただいたのでした。

四人の先生方に会った結果を編集部に伝えたところ、私が提案する「建築の空間照明」――これまでの設備としての明るさをつくるための照明ではなく、建築空間を光によって創る照明――は、雑誌の数頁で取り上げられたのでした。

2. 大阪万博

萩市民館は、大きな戦艦のような屋根を持つ明治維新を象徴するコンセプトの建物でした。私はその中に光の網をかけ、電球のきらめきによる新しい空間をつくりました。まさに建築空間を光によって変貌させる、私がやりたかったプロジェクトでした。

続いて黒川紀章先生が中心になって、グラフィック・デザイナーや作曲家といった他分野の人たちが集まってつくり、一世を風靡したディスコテーク、「スペースカプセル」の照明をデザインしました。ステンレス製の円筒状の空間の壁と天井に、半分を銀色に仕上げた透明なガラスの球の中に、光の三原色である赤、緑、青の電球を入れてキラキラと輝くこの空間は、宇宙ステーションのようで大きな話題となったのです。

萩市民館とスペースカプセルの二作品で、私は建築のデザインの分野で「大型新人」と言われました。まったくの新人だった私が、突然現れて二つの話題作を立て続けに作ったわけですから注目されたのです。

時はまさに一九七〇年に開催された「大阪万博」の二年前で、大勢の建築家やクリエーターたちが、日本で初めて開催される国際博覧会の仕事に取り組んでいました。

「新しい光のデザイン」ということで、私の仕事は、博覧会の仕事をしていた人たちの目に留まったのでしょう。次々とたくさんの注文が舞い込んで来ました。

万博美術館、電力館、サントリー・パビリオン、タカラ・ビューティリオン、日本庭園等、

萩市民館

スペースカプセル

大阪万博で私が携わったプロジェクトは十指に近い数になったのです。

チャンス到来とばかり、私は我武者羅《がむしゃら》に働きました。夜更けまで打ち合わせをしてから、仕事を持ち帰って徹夜をしたり、現場へ何度も往復したり、まさに不眠不休といった状態でした。やっと念願かなって、フリーランスの照明デザイナーとして仕事を始めた私にとっては、仕事があるということだけでありがたいものでしたし、ましてやその仕事が、日本で初めて開催される博覧会だったというのは、幸運としか言いようがないものでした。

当時、日本中に明るい気分が溢れていたのです。第二次世界大戦に敗《やぶ》れて街は焼け野原になり、一生懸命働いて何とか将来の見通しが立ってきたところだったのです。オリンピックを成功させ、新幹線が開通し、日本人の所得が右肩上がりで伸びていった時代でした。

日本人のすべてが、明るい未来を確信していました。日本はきっと素晴しい国になる、そして、日本人の未来には豊かな生活が待っている……、そんな予感が満ちていたのです。

二〇一〇年に開催された中国の上海国際博覧会(上海万博)にみる中国の人たちも、ちょうどあの頃の日本人と同じような感慨をもっているのでしょう。上海には仕事では何度も訪れましたが、博覧会を控え、街が立派になり、道路も整備されて、人々が意気高らかなのを見て、私は大阪万博の頃の日本を幾度となく思い出したものです。

大阪万博は大成功を納め、会期中には約六千四百二十万人の入場者で賑わいました。私も大仕事を終えて、ひとまずはほっと息をつきました。さて、これからが勝負です。やっとスタートさせた私の小さな事務所にも、アシスタントの人を置き、新しいプロジェクトに備えました。

ホテルの照明、大使館や銀行の照明と、徐々にではありましたが、照明デザインの仕事が入って来ました。これでドイツに戻らず、日本で仕事ができそうだと、私は喜びました。私は、海外へ行くのは好きでしたし、外国での仕事のやり方のほうが、むしろ自分には合っていると思っていたくらいでしたが、やはり日本人として、その当時の日本の暗い街や、機能本位の平凡な建築照明を見ると、何とかしなければならないと強く思っていたのです。

何もないところで、一からものをつくっていくことは冒険に満ちたやり甲斐があることでした。また、「照明デザイン」という言葉さえなかったのですから、大変だけどそれを広めていくことも、大事なことだと考えたのでした。加えて、女性であるということ——女性がプロフェッショナルな仕事を持つということも、ヨーロッパに比べたら、当時の日本ははるかに遅れた社会でした。

企業でも行政でも、上層部にいる女性はほとんどいませんでした。どこへ行っても男性ばかり。時には女性が社会進出すること自体に眉をひそめる男性が多かったのです。

また、大きなプロジェクトになると、

「女性にこんなことができるのか？」

と露骨に言う人もいました。そんな時、言い返してみてもはじまりません。誰でも前例がないことは信じないのです。

「一つずつ、実績を見てもらわないとわかってもらえない」

私がその当時、自分によく言い聞かせていた言葉です。一つプロジェクトをやって、成功すれば必ず次の仕事につながります。それればかりではなく、その仕事を見た人は、

「女性だってちゃんとできるのだ」

と思ってくれるはずです。

「女性でも男性よりよい仕事をする人がいるのだ」

私は、人にそう思ってもらいたいと願ったものでした。

男性だから、女性だからという固定的な考えではなく、人それぞれが持つ個性と作品で評価してもらいたいと思ったのでした。

3. 石油ショックに遭遇

やっと順調に滑り出した私の照明デザイン事務所は、まもなく大波に襲われて、あわや沈没しそうになったのです。

それは、一九七三年に起った「石油ショック」でした。

突然、日本に石油が届かなくなり、あらゆるものの値段が高騰しました。それだけではなく、何とトイレットペーパーや洗濯石けんといった日用品まで、店の棚からなくなってしまったのでした。要は値上がりを見込んだ売り惜しみといったものだったのでしょう。石油が足りなくなるというと、まず電気を節約しましょうということになります。電気エネルギー自体、石油から作られているのは半分以下なのですが、こんな時、照明はすぐに目の敵《かたき》にされるのでした。

家庭で使われている電気エネルギーの中でも照明は十五〜十六%にすぎません。一台の冷蔵庫の消費電力よりも、家中の照明をつけた時のほうが少ない電気容量なのです。しかし、モーターがまわっているのは、いくら電気を使っていても目に見えませんが、照明は一灯つくだけで目立ちます。

「電気をつけて」

と日本語で言うと、照明をつけてということだと子どもでもわかります。英語やフランス語、ドイツ語ではそんな言い方がないのに、日本語では「明かりをつける」ことを、「電気をつける」と日常よく言うのは面白いことです。それだけ日本では、電気＝照明とされているのでしょう。

そのせいか、石油ショックの時に、照明は「いけにえの羊」となったのでした。今から思うと信じられないことですが、高速道路のハイウェイ灯は間引き点灯され、一灯おきに消されたのです。ネオン・サインも無駄なこととされて、銀座のネオンは全部消灯されたのです。気の毒なことに、先行きを絶望した零細ネオン業者の家族が一家心中をおこしたという傷《いた》ましいニュースも報道されました。

実は、石油ショックの時、照明が槍玉にあがったのは日本だけでした。他の国ではそんなことはなかったそうで、アメリカでは車を一人で乗るのはやめて、何人かで乗って出勤しようというキャンペーンが盛んでした。ヨーロッパでは、暖房温度を下げようというキャンペーンがなされました。どこも、石油の消費を抑えようという呼びかけだったのです。そのほうが、そもそも石油の使用量がさして多くもない照明の節約を叫ぶよりも、ずっと合理的なことなのです。日本の省エネは当時、大変情緒的なものでした。

ともあれ、エネルギー浪費の槍玉にあげられた照明の、しかもそれをデザインするといった仕事は、お手上げの状態となりました。照明デザインの依頼はピッタリと止まってしまったのです。

一九七三年の石油ショックの影響は翌年も続きました。私たちは受難の年月を過ごしました。その間、唯一新しく依頼のあった仕事は、以前行ったホテルのエレベーターのロビーのシャンデリアについてなのですが、どの電球を消したら見た目が変わらずに節電できるのかといった内容のものでした。キラキラ輝くシャンデリアの電球のなるべく上のほうを消してみたりと、何ともみじめな気持ちにさせられたものでした。

こんな時は、嵐をさけて身を縮めているしかないと私は諦観《ていかん》することに決めました。自分一人ジタバタしたってどうしようもないことはあるものなのです。日本全体がパニックに落ち入っているようなものなのですから、仕方ないことだと思うしかなかったのです。

Ⅱ　地球のどこかに仕事はある

1．アメリカへ

石油ショックの荒波に翻弄されて、日本全体が不況になりました。建築業界そのものも落ち込んでしまったので、建築照明をやりたくても実現できるような状況ではありませんでした。

いったいいこんな時代がいつまで続くのだろうと暗い気持ちになっていたある日、私の手許に一通の国際電報が届いたのです。

「あなたに照明デザイナーとして参加してもらいたいプロジェクトがあります。十日以内に、アメリカの私の事務所に来るように」

という内容です。差出人は、アメリカで当時五本の指に入る著名な建築家ミノル・ヤマサキ氏でした。氏は日系アメリカ人で、二〇〇一年九月十一日に、テロの標的にされたニューヨークの超高層ビル、ワールド・トレード・センターをはじめ、各地に素晴しい建築を設計していた人でした。

思いがけない電報に、私はびっくりしたのですが、ともかく行ってみようと、すぐ渡米の準備にかかりました。当時は、アメリカ合衆国に入国するにはビザが必要で、申請して入手するまでに数日かかったのです。

これまでの私の建築照明デザインの作品の写真や掲載された雑誌、英文の履歴書など、必要と思われるものを鞄につめて出発しました。一九七八年の初夏の頃です。

目指すヤマサキ事務所は、デトロイト市の近郊、トロイにありました。シカゴで飛行機を乗り継いで到着したデトロイトでは、チェックインした荷物が届かず、手続きなどに時間がとられて、近くのホテルに着いたのは深夜の二時頃でした。もちろん一人旅です。

数時間の仮眠のあと、翌朝迎えの車に乗ってヤマサキ事務所に向かいました。広々とした緑豊かな美しい景色の中に、低層の建物が点在する新しい地区で、街中というよりも郊外の林の中といったところです。

大きなロビーを通ると、広い会議室があって、大勢のスタッフが模型や図面を前に、検討中でした。中央に座っていた六十代の小柄な男性が立ち上がって挨拶されました。ミノル・ヤマサキ氏でした。

「あなたの照明デザインの作品が見たい。何か資料を持って来ているなら、見せてください」

ヤマサキ氏に言われて、私はプロジェクターを借りて自分の作品をお見せしました。約二十点の作品です。一つ一つを英語で説明しました。何を喋ったか自分でもわからないくらい緊張していました。

「わかりました。大変結構《ベリー・グッド》です。あなたに、今やっているプロジェクトに参加してもらいましょう」

とヤマサキ氏。

すぐに私は、検討途中だった大会議のテーブルに座らされたのです。

それは、サウジアラビアのジェッダ空港に隣接するロイヤル・レセプション・パビリオンでした。八階建ての建物がすっぽり入るような大きなレセプション・ルームに続いて、何十という応接室やダイニングルーム、そして、何組ものVIPの家族が宿泊できる客室、加えて事務室や厨房といったさまざまな施設がある大きな建物なのです。

主要な建築空間の照明デザインはすべて私に、事務室など機能本位の空間はアメリカの照明コンサルタントにさせるという決定が、ミノル・ヤマサキ氏によって下されました。

当時、私は三十代の後半です。しかも、このような大きなプロジェクトを経験したことはありませんでした。いってみれば、私は大抜擢されたのです。

「どうして、私に電報が来たのでしょうか」

と私は副社長のビル・クー氏に尋ねました。

「私たちは、優秀な照明デザイナーを探していたのです。アメリカはもとより、ヨーロッ

ロイヤル・レセプション・パビリオン　サウジアラビア王国ジェッダ

パからも探したけれど、ヤマサキ氏が気に入るような人がいなかったのです」

「たまたま日本の建築雑誌であなたの作品を見たヤマサキ氏が、彼女を呼ぼうと言われたのです」

ビル・クー氏の返事に、私は納得しましたが、それにしても私のような若輩にこの仕事をまわさせてくれたヤマサキ氏の期待に応えるべく、頑張ろうと心に誓ったのでした。

大きな図面の束と、模型を入れた木箱を持って帰国した私は、何だか夢を見たような気分でした。なかなか本当のこととは思えなかったのです。

でも、ぼんやりしている暇はありません。私は早速デザインに取りかかりました。

その後数年間、この建物が竣工するまで、私は世界各地を飛びまわったといっても過言ではありません。建築設計はアメリカのカナダ国境に近いトロイ、建設会社はドイツの大手企業でデュッセルドルフに近いエッセン市、建設現場はサウジアラビアのジェッダ空港なのですから。

この仕事を通して私はさまざまなことを学びました。そんな中で、最も痛感したのは、「地球上どこかには必ず仕事がある」ということです。石油ショックで仕事がなくなった日本と対象的に、世界中からオイル・マネーが集まった中近東の国々では建設ラッシュだったのです。

今、日本は不況であるとか、就職難だとか言われています。しかし、すぐ近くの中国では、高度成長が続き沸き立つように、さまざまな成功例が伝えられています。長い目で見れば、アジアの次はアフリカなのでしょう。南米もこれからのようです。こう考えれば、若い読者の皆さんの未来は、明るいものと言えましょう。地球上で仕事はたくさんあるのですから。

2．海外のプロジェクト

中近東の仕事が一段落すると、ヤマサキ事務所から次々とアメリカ国内でのプロジェクトの照明をまかされるようになりました。

私の仕事場は東京にあったので、その都度日本からアメリカに行くのが大変になってきたため、私はロサンゼルスに事務所を開きました。ロサンゼルスはアメリカの西海岸の大きな都市で気候温暖な美しいところです。

アジア系の人々も多く住み、日本人もリトル・東京という街区があるくらい大勢暮らしています。ロサンゼルスのウィルシャー大通りがビバリーヒルズに入った辺りに位置する私の事務所は、目前に椰子《やし》の並木が連なり潮風を受けて陽がきらめく美しい場所でした。

ロサンゼルスの建築家やインテリア・デザイナーたちとも親しくなりました。ここではホテルの照明や、教会、オフィス等の照明を手がけました。

当時、私はアメリカの照明学会で次々と受賞をしたので、学会の年次大会はよく講演に招かれました。どうも私はロサンゼルスに住んでいる日系人と思われたようです。

私は決して英語が流暢《りゅうちょう》ではなく話すことが得意ではなかったのですが、要は内容なのです。聴衆は熱心に耳を傾けてくれました。

一方、アジアの国際的な大プロジェクトに招かれることも多くなりました。まずシンガポールでは大きなホテルのプロジェクトに参加しました。設計はアメリカの中部の都市アトランタの有名建築事務所ジョン・ポートマン・アソシエイツ、構造設計はオーストラリア人、インテリア・デザインは香港ベースのイギリス人、設備設計はアメリカ人、そして照明デザインは日本人の私、という国際的なチームです。

定期的にシンガポールに集まって大会議や個別会議が開かれ、それぞれが作った図面や資料を持ち寄って検討されます。

こういう会議では黙っていると馬鹿にされます。何の考えも主張もない駄目な人というレッテルを貼られたらおしまいです。しかし、丁丁発止《ちょうちょうはっし》とその場でやりとりをすることに、私

ノースウエスタン生命保険新本社ビル
アメリカ合衆国ミネアポリス

パン・パシフィック ホテル　シンガポール

たち日本人は苦手です。おそらく小さい頃からそういう教育を受けていないせいもあるのでしょう。

私は会議の時、まず人の言うことを黙って聞くことにしました。できるだけ集中して注意深く聞きます。こういう多国籍会議だといろいろな訛《なまり》の英語が飛びかいます。アメリカ英語に多少なれた私にとって、オーストラリアの人たちが話す英語はとても聞きとりにくいものでした。シンガポールの人たちの英語も独特です。

一生懸命聞いて一段落つきそうな、その直前を見計らって、私は口を開きます。

「皆さんの言うことは、それぞれ大変結構です。しかし《ハウエバー》、……(ここからが大切です。一人一人の発言についてコメントし、そして、最後に自分の照明デザインについて、総括するのです)」

こういう方法でやると大方の人々は、なるほどと納得します。彼女の言うことはもっともである、彼女はなかなか優秀だということになって敬意を払われるのです。

香港では、大コンベンション・ホールの照明デザインを担当しました。これも同じように国際的なチームが組まれました。

オーストラリアでは、メルボルンとシドニーで同じような大きなプロジェクトに参加しました。

照明デザインはとてもインターナショナルな仕事です。どの国でもどのプロジェクトでもよい照明が求められているのです。技術的な面では国によって規則が若干違ったりしますが、そのあたりは設備設計を担当するチームがきちんとフォローしてくれます。世界的な大手メーカーは各国に進出しているので、照明器具はほぼ同じものが使えます。

1970年代の頃

ただ残念なことに、日本は諸外国と電圧が違うために、日本の製品は海外へ売ることができません。したがって日本の大メーカーの製品が外国のプロジェクトで使えないのです。普段使いなれている製品を海外のプロジェクトで使えないことは、日本の照明デザイナーにとってはハンディでしょう。

話を戻しますが、日本人がこれから海外で仕事をするためにも、小さい頃からもっと自分の意見を正々堂々と発表する習慣をつけていくべきだと思います。

人の言うことに、はいはいと同調しているのは一見楽なようですが、自分を抑えているのではないでしょうか。

皮膚の色の違い、髪の色の違い、目の色の違い——世界ではさまざまな違いのある人たちが、違う発言をします。違った考え方があるから地球に住むことは楽しいと考えることが、二十一世紀を生きる人には必要なのです。

3. ヨーロッパの国々

二十代にフィンランドとドイツで暮らした私にとって、ヨーロッパの国々は馴染み深いものがあります。

二十代の後半に帰国した後、再びヨーロッパでの活動がはじまったのは、三十代になってからでした。当時、私がデザインした照明器具が日本の会社からプロダクト製品として売り出されました。

「スペースクリスタル」と名付けた一連の照明器具群で、電球をつくるのと同じ技術を用いてつくった透明な薄いガラスの球をモチーフとしています。その中に親指ほどの細長い電球を入れてキラメキを醸《かも》し出します。たくさんの球を散りばめたシャンデリア、数個を束ねたペンダント(吊り下げ器具)やブラケット(壁付け器具)、一個に足を付けたスタンドといったシリーズで、日本だけでなく、ヨーロッパでも大ヒットしました。

続いて「スペースジュエリー」と名付けた多角型のガラスユニットをモチーフにした一連の器具をデザインしましたが、これも大ヒットして世界で売られました。

当時、スウェーデンでは、この器具を「モトコ」というネーミングで売っていきました。

スペースクリスタル

驚いたのは、イタリアとアメリカでイミテーションの製品が出たことです。売れるとわかるとどの国でも同じようなことが起こると思い知らされました。
「モトコ」という名前も勝手に使われると困るので、以来、私は「モトコ」という名前を商標登録しました。日本をはじめ、ヨーロッパやアメリカで、そして数年前には中国で登録しました。
商標や知的所有権を守るということも、デ

ザイナーには不可欠なことなのです。

ヨーロッパでは、見本市が昔から盛んです。メッセやフェアと呼ばれていますが、商品を一堂に展示する大規模なものです。

照明の大見本市は、長い間ドイツのハノーバー市で開かれる「ハノーバー・メッセ」が最大のものでした。

ヨーロッパを中心に世界中から五百〜六百社ほどが集まって展示ブースを作り、最新作を展示します。世界中のバイヤーや照明関係者が集まり、会期中には数万人の人で賑わいます。

一九八一年に、私はハノーバー・メッセより招待されて、「モトコ・イシイ」という特別展示ブースを開くことになりました。以来、毎年、私はそこに新しい作品を飾ったのでした。

一方、ヨーロッパの各地で、私は幾度となく、大きな都市スケールの光の演出を行ってきました。さまざまな投光器やレーザー光線、大型映像を用いて、新しい時空間をつくるという「光のパフォーマンス」です。

はじめて行ったのは、一九八九年のベルギーの首都ブリュッセルです。ヨーロッパで最も美しい広場の一つと言われる、グランプラス広場を会場として、中世のゴシック様式の美しい市庁舎の壁面に、カラーライトアップと大型映像、そしてエメラルド・グリーンのレーザ

日仏交流 150 周年記念プロジェクト
ラ・セーヌ 日本の光のメッセージ　フランス共和国パリ

ー光線で、非日常的な時空間を創造し、大好評でした。

続いて、オーストリアの首都ウィーンの市庁舎前広場で、光のパフォーマンスを行ったのです。ウィーンの市庁舎はネオ・ゴシック様式の壮大で華麗な建物ですが、新しい光を受けて、いつもとは違った表情と輝きを見せていたのは印象的でした。

ここ数年、光のパフォーマンスは続いています。二〇〇八年に、フランスの首都パリで、日仏交流一五〇周年を記念して行った光のパフォーマンスは、これまでで最大のスケールのものです。

このパフォーマンスは、私の娘の石井リーサ明理との初のコラボレーションでした。彼女は、大学を出てからパリでデザインを学び、その後照明デザイナーとして、パリを本拠に活躍しています。

日仏交流を記念するこの周年事業への参加要請を受け

た私たちは、何かスケールの大きい今まで誰もやらなかったことをやろうと考えたのです。

パリの中心を流れるセーヌ川の橋、二十五橋をライトアップし、加えてノートルダム寺院のあるシテ島の岸壁に大型映像で日本の国宝百五十点を映し出すというスペクタクルは、名付けて「ラ・セーヌ　日本の光のメッセージ」。

九月末の晴天に恵まれて三晩に渡って行われたこのパフォーマンスは、大成功を納めました。

続いて二〇〇九年、イタリアの首都ローマのティベレ川の中洲、ティベリーナ島にかかる橋を三橋ライトアップするイベントを行ったのです。「ジャパンイタリー」と名付けられた文化イベントを記念したライトアップで、折しも世界の首脳がイタリアに集うサミットの前夜ということもあって、日本の国旗をイメージした白と赤に染められた橋のライトアップは、見る人々に日本を思い起こさせたのでした。

光は、すべての人々に何かを語りかけ、人々を感動させる何か強い力を持っているのです。

私はこれからも、光の力を借りながら、美しいもの、人々に感動してもらえるものを創りたいと思っているのです。

第5章

日本の夜の街に光を!

I ライトアップ・キャラバン

1. 暗い京都

さて、話を日本に戻しましょう。

今でこそ、「ライトアップ」という言葉は普通に使われる誰にでもわかる言葉となりました。夜の街に明るく照らされている建物があると、「ライトアップされている」と、誰でも思うようになったのです。

しかし、一九八〇年代の半ばまで、日本の都市は、道路照明と商店街の街灯、そしてパチンコ屋やバーの看板などのネオン・サインという三通りの照明しかありませんでした。日本は千年以上の歴史があり、各々の都市には、その年月を経た優れた歴史的な建造物が残されています。例えばお寺の大きな屋根や五重塔、古い橋など、どこの街にも印象に残る歴史的な景色が、昼間は太陽の光で見えています。

ところが夜になると、そういうものはすべて闇の中に埋もれてしまって、何も見えなくなり、代わりにネオン看板や商店街のあまり趣味のよくない街灯の光で支配されてしまうのです。

日本を代表する古都、京都もその典型でした。一九七八年に国際照明学会の世界大会が京都で開催されることを知った私は、その前年、京都タワーに登って夜の街を見渡しました。そこで見た夜景は、日本の中都市の夜景の典型でした。昼間見えていたお寺の屋根や五重塔といった古都の美しい景観は暗い闇の中に沈み、見えていたのは大通り沿いに点灯している道路照明の白い光の列と、十字路のあたりにかたまっているパチンコ屋のケバケバしい光、そしてビルの塔屋《とうや》のネオン看板だけでした。趣《おもむき》も文化も歴史も感じさせない淋しい貧弱な夜景だったのです。

国際照明学会の三年前の開催地ロンドンは、素晴しい夜景でした。石油ショックの最中にも計画が進められたテームズ川の橋は、見事に完成し美しい光を散りばめていました。国会議事堂をはじめ名だたる歴史的な建造物の数々は、柔らかい暖色系の投光器で照らし出されていました。イギリスの文化と歴史を見事に表現する夜景だったのです。

これに比べて京都の夜景の現状はあまりにもひどいと思った私は、どうすればよいかと自分なりに考えました。

「そうだ。京都市の景観照明計画を自分で作ろう。それを持って京都市の市役所にかけ合いに行こう」

そう決めた私は早速、自分でプロジェクトを立ち上げ、一人で京都全体の景観照明のプランを作ったのでした。合計七十二カ所をライトアップし、総工費は約二億円。一晩の電気代はたった三千円。こういう具体的な提案をすれば、きっと市役所も考えてくれるに違いないと思ったのでした。

観光課の窓口を訪れて課長さんに会い、案を説明したところ、相手は眼を白黒させるだけで、とり合ってくれません。私はがっかりしたのですが、これはきっと紙に書いたもので説明したので、景観照明——ライトアップ(私はわかりやすくこう呼びました)の良さや美しさがよくわからないのだと考えたのです。

「どうしたらいいかしら。何か手だてはないものかしら」

「そうだ。やはり実物を見てもらわないとわかってもらえないのだ」

という結論に私は達したのでした。

白壁の美しい隅櫓《すみやぐら》のある二条城、朱塗りの門が華やかな平安神宮を選んで、私はライトアップの実験をすることに決めました。誰からも注文がないのにやるわけですから、全部自費です。電源車を借り、器材を調達しました。

黙って光を当てるわけにはいきませんから、二条城と平安神宮の事務所に出かけて行って許可をもらい、消防署と警察、そして近くの交番にもあいさつに行きます。

「ライトアップの実験をします。電球や器材はこちらで用意しますし、決して敷地には入りません。歩道から照らしますので、ぜひ許可してください」

とお願いに行き、何とか許可をいただきました。

ライトアップがはじまると、見物人が集まってきました。映画の撮影だと思った人がほとんどのようでした。テレビが取材に来ました。

1970年代　建築現場にて

　期待した京都市役所の人は誰も来てくれませんでした。しかし、見物に来た人たちにアンケートをとったところ、女性の百%の人は、こういう照明があったほうが良いと答えてくれたのです。「きれいだから」「街が明るくなって安全だから」という理由でした。
　この言葉に元気付けられて、私はその後、さまざまな機会をとらえてライトアップの実験を続けようと思ったのでした。

2. 光のキャラバン

その後、私は飽きもせず、いろいろな機会をとらえて、日本の各地でライトアップの実験を行いました。もちろん、自費でやるボランタリーのような活動です。

名付けて、「ライトアップ・キャラバン」。

投光器を何台も用意して、電源車を借りて電気を供給して照らします。もちろん、照らす対象物には許可をもらって、そして、ミニマムな照らし方を検討しながら、それぞれの建物に似合うライトアップを試験的に行うのです。

まず、はじめに実行したのは札幌でした。有名な時計台は、昼間見に行ってみたら、都心のビルの間に埋もれていました。昼間にこんな状態ですから、夜になるとますます目立たなくなっていました。

暗い闇の中にひっそりとたたずむ木造の時計台は、柔らかな白い光を浴びて、嬉しそうに微笑んでいるように見えました。

開拓会館という灰色の石造りの建物は、昼間は重苦しく憂鬱に見えたのですが、夜になる

ライトアップ・キャラバン　札幌市時計台

とライトアップの光に映《は》えて、歴史の中から甦ってきたように見えました。

　市役所のレンガの建物は、光をいっぱいに吸い込んで、驚くほど艶《つや》やかに華やいで人目を引きつけました。

　市民の方々も大勢見に来てくれました。

　その後、仙台、金沢、名古屋、大阪、神戸、姫路、広島、熊本と、私が地方のシンポジウムやフォーラムに招かれた時などを利用して、ライトアップの実験を年二カ所ほどのピッチで辛抱強く続けて行きました。

　今思うと、本当に我ながらよく頑張ったものだと思います。おそらく私にとって、闇から浮かび上がる、美しい光を纏った建物を見るのがこよなく幸せで、点灯の瞬間にはいつも感動していたから、さまざまな苦労を乗り越えて続けることができたのでしょう。

　各地で実験したライトアップには、いろいろな思い出があります。

神戸でライトアップの実験をしたのは一九八三年のことでした。その時は、港に近い旧神戸商工会議所の古い西洋館風の威風堂々とした建物をライトアップしました。

また、県庁に近い大通りに面した栄光教会というレンガ造りの建物もライトアップしてみました。二つとも、歴史を経た古く美しい建物で、とても印象的な夜景となりました。

その後、旧神戸商工会議所は、建て替えをするためにあっけなく取り壊されました。栄光教会は、一九九五年の阪神・淡路大震災の時に地震に耐えられず壊れてしまい、その後、復興されることはありませんでした。

「この二つの建物の見納めは、石井さんのライトアップの夜が最後だったのですよ。光を浴びて立つ姿は、今でも目の裏に焼き付いています」

神戸に住む知人から、後になってこう言われたことがあります。昼間の景色より、闇の中に浮かぶ夜景の方が、ずっと長く記憶の中に留まる風景となるのでしょう。

広島市でのライトアップも、印象的でした。原爆を投下され一面の焼け野原となった広島市には、照らすべき歴史的な建造物は、ほとんどないのです。かつては、長い間一木一草も生えないだろうと言われた広島ですが、自然の生命力は偉大なもので、私がライトアップ・

ライトアップ・キャラバン　平安神宮大鳥居

キャラバンに臨んだ頃の広島には、すでに大通りに大きな樹が育っていました。

「建物ではなく、ここではこの見事に育った樹を光で照らし出そう」

と私は考えました。当日の夜、爽やかな緑味を帯びた光を浴びた大樹は、風の動きに葉を揺らしながら、自然のモニュメントのように見えたのです。

実験を見に来た人たちは、感慨深げに樹を見上げていました。光は人々に、さまざまな感動を与えることができるということを、私は実感したのでした。

熊本市では、加藤清正が築城したという見事な城の石垣を照らし上げました。下へ向かって大きく孤を描く形や、積み上げられた石の見事さを、光は感動的に照らし出したのでした。

実験点灯をしたところを、私はカメラに納め、明るさの度合いを測定してデータを取りました。また、できるだけ見に来た地元の人たちから感想を訊くようにしました。

結果、京都での実験の時と同じように、ほとんどの女性は年齢に関係なく賛成でした。男性は残念ながら、百％の賛成ではなく、

「エネルギーの無駄ではないのか」

「あまり明るくしなくてもよいのではないか」

という意見もあったのです。

どうも女性のほうが美しいものには敏感ではないか、と私は思ったものでした。

3．横浜ライトアップ・フェスティバル

「横浜で代表的な建物をライトアップするイベントを計画しているので、デザインをお願いします」

横浜市の都市デザイン室からこういう電話を受けたのは、一九八六年の夏のことでした。都市デザイン室は、都市計画から都市デザインまでを横断的にやっている実力と実績のある部署でした。

横浜開港資料館

京都市に景観照明計画を提案して受け入れられず、ライトアップの実験をしたのが一九七八年のことでしたから、何とその時から数えて八年が経過していたのでした。

ライトアップ・キャラバンをはじめて、八年目にやっと実現の依頼が来たのです。

「もちろん、喜んでやらせていただきます」

私は張り切って返事をしました。

横浜は、江戸末期には百数十戸しかない漁村でしたが、明治になって本格的な港を開いてから、見る見るうちに大都会になったところです。明治時代の後半から、大正、昭和にかけて、中心部にはいくつもの優れた建築がつくられました。

横浜ライトアップ・フェスティバルは、それらの建築群からいくつかを選んで、秋の十日間ライトアップを行おうというものなのです。ライトアップを将来恒久的に行うことも視野に入れて、まずイベントとして短期間実験して市民の人たちの反応を見ようということでした。

市の担当者の方々と一緒に建物を見て巡り、私たちは十二の建物を選びました。いずれもデザインが美しい特徴的な建物というばかりではなくて、都市の中で目立つ良い立地に建てられたものでした。

照明のデザインを行い、準備を整えました。今回はたった十日間のものなので、配線や器具の設置もすべて仮設で行います。そのために、できるだけコンパクトで、シンプルな照明デザインをしました。

さて、当日の夜となりました。一般の方たちも話をききつけて集まってきます。

まず、開港記念会館の建物を照らすライトが点灯しました。すぐ向かいにある県庁の屋上にある投光器のスイッチが入れられ、ゆっくりと点灯し、徐々に光の量を上げていきます。

「ウヮー‼」

という歓声が、見守る見物人の中から上ってきました。

暗い闇の中から、「ジャックの塔」と呼ばれる記念会館の塔がじわじわと姿を現してきます。続けて左右の入口の庇《ひさし》の上に置かれた小型の投光器が点灯されました。

二つの入口の上の壁面にじわっと光が浸み込んでいきます。ライトアップが完成したのです。

茶色のレンガ造りのおしゃれな記念会館は、光を浴びて颯爽《さっそう》と姿を現したのでした。

次は、「クイーンの塔」と呼ばれる塔を持つ横浜税関の建物です。こちらは昭和のはじめに建てられた白い建物で屋上に港から見える目印のような塔があります。

白い建物を生かし、屋上の塔を目立たせる白色の光が点灯されました。

いよいよ、神奈川県庁のライトアップの番となりました。こちらも昭和のはじめにできた和風を加味した近代建築の立派なものです。この建物はとても大型なので、正面入口の上の壁面と、その上に続いて建つ塔を重点的に照明しました。この塔は「キングの塔」と呼ばれています。じわじわと黄色味を帯びた光が点灯されて、キングの塔はその威風を現してきます。

続いて、開港資料館、神奈川県立歴史博物館と計画された建物のライトアップが次々と点灯されていきました。見物の人たちは、私たちと一緒に点灯する建物の順に巡って行きます。

「ライトアップ地図」が主催者によってつくられました。ライトアップされた建物の場所がよくわかるようにつくられた、ライトアップイベントの地図です。たくさん印刷したにもかかわらず、この地図はすぐになくなってしまいました。テレビや新聞のニュースで知って、見物に来た人があまりにも大勢だったので、この地図はすぐに品切れ状態になってしまったのでした。

「横浜ライトアップ・フェスティバル」は、大成功のうちに幕を閉じました。十日間のうちに訪れた人の数が八十万人にものぼったのには、市の担当者も私もびっくりしました。こんなに大勢の人たちが見てくれたということに、私は大感激でした。

「ライトアップ・キャラバンをやり続けた甲斐があった！」

「やっと大勢の人に、ライトアップの良さを認めてもらえたのだ！」

と私は思いました。長い長い道のりを歩いて来たことを改めて思い起こしたのでした。

一方、市民の方たちからは、短期間のイベントではなく、ぜひ常設的にライトアップを行ってほしいという要望がたくさん寄せられたため、横浜市では年々ライトアップの建物を増やしていきました。

現在では市内の五十数カ所が毎晩ライトアップされ、横浜らしい夜景をつくっています。

Ⅱ　光がつくる街と暮らし

１．光の街づくり

横浜市のライトアップ・フェスティバルが話題となって、徐々に照明デザインの仕事にも、建物のライトアップが加わってきました。それまでは、建築家に協力して、建物の内部空間の照明デザインを行ったり、百貨店やショッピング・センターなどの商業施設の照明デザインを行ったりする仕事が主でしたが、歴史的な建物のライトアップをすることによって、私の仕事は街の中に拡がっていったのでした。

横浜のあとで依頼されたライトアップに、東京駅のレンガ駅舎がありました。大正のはじめに建てられたレンガ造りの歴史的な建造物でしたが、戦後修復された後は、手入れも行き届かず荒れたままになっていました。

当時、国鉄を分割してＪＲにする途中でした。先行きを心配する国鉄の大勢の職員の人達に、何とか明るい話題を提供したいという試みで計画されました。そんな東京駅レンガ駅舎のライトアップの照明デザインの依頼が私に来たのでした。

見に行ってみると、建物は石がはがれ落ちていたり、レンガが欠けていたりして、戦後の苦労を表しているような傷ましい状態でした。

こういう建物は、往年の名女優を照らすように優しくそっと包むような光を用意したいと私は思ったのでした。レンガの色を美しく再現することも重要でした。

できあがったライトアップは、テレビや新聞にも紹介されて話題となりました。大勢の人が見に来て、さまざまな思い出を甦らせたのでした。

そのうち、一般の人々からも、この建物を壊すのはやめてほしい、残してほしいという要望が出されたのです。

実はレンガ駅舎は取り壊されて、その後に超高層ビルが建つ予定だったのですが、ライトアップをきっかけとして、保存運動が起こり、建物は取り壊すどころか、元の形に復元する計画となりました。

東京駅レンガ駅舎の後、私はやっと大きな都市ぐるみのライトアップ計画に取り組むことができるようになったのでした。

まず、北海道函館市のライトアップ計画でした。函館市はそもそも夜景が美しいので有名な街です。街の南端に函館山という三百三十四メートルの高さの山があり、麓《ふもと》からロープウェイに乗って行く展望台から見る街は、まさに宝石箱をひっくり返したような、燦然《さんぜん》と輝く光の宝石に彩られたパノラマのような夜景なのです。

しかし、観光で訪れる人の数は頭打ちとなっていて、何とかこの夜景に新しい魅力を付け

東京駅レンガ駅舎

長崎　大浦天主堂

加えていきたいという考えを市の担当者の人たちは持ったのでした。

函館を訪れた私と事務所のスタッフは、街中を何日も分けて見て歩いたのです。驚いたことに、街にはたくさんの照らすべき建物を見つけることができたのでした。

明治のはじめに外国に開かれた港の函館市には、アメリカ風、イギリス風、ロシア風、中国風の古い建物が数多くあり、それぞれが個性的で、夜ライトアップをしたら、随分と今までにない新しい魅力が増すであろうことがわかったのでした。

「巡って歩くライトアップの街をつくりましょう」

と私たちは市に提案しました。展望台から眺める夜景だけではなく、巡って歩いて見る夜景を加えることによって、観光客の人たちに新しい魅力を提供できると考えたのでした。

その後、夜景の整備は順調に進み、たくさんの魅力あるスポットができました。函館市を訪れる観光客の数も増え続けているそうです。

同じような要請を長崎市からも受けた私たちは、長崎市の夜景を調査し、さまざまな提案をしました。その計画案に基づいて実現された国宝の大浦天主堂や、眼鏡橋のライトアップは、今でも長崎の街の夜に彩りを添えています。

世界文化遺産に登録されて名高い姫路城も、白い漆喰《しっくい》の壁を美しく照らし出すようなライトアップのデザインを行ったり、続いて大阪城のライトアップに取り組むなど、一九八〇年代の後半から九〇年代にかけて、私たちは、数多くのライトアップを手がけることができました。

やっと日本で光の美しさ、楽しさが認められるようになったというのが、その頃、私が持った実感でした。

2. 光で地域に活力を！

岐阜県と富山県の県境に近い、奥飛騨の山間に白川郷《しらかわごう》という山村があります。一世帯大家族で住む大屋根の合掌造《がっしょうづく》りで有名なところです。

ある日、私の事務所にそこの村長さんが訪ねてみえました。

「実は大変なことになるのです。三年後に村のすぐそばに高速道路のインターチェンジができるのです。東海北陸自動車道を結ぶ高速道路が村の近くを通るようになるのは、とても便利になって良いことなのですが、逆に観光客は村に夜泊らなくなってしまうでしょう。だって高速で四十分も走れば北陸の有名な温泉地に行けてしまうのですから」

村の合掌造りの民家は、ほとんどが民宿をやっているそうで、泊り客がなくなっては死活問題です。どうしようかとみんなで相談した結果、ライトアップをやったらどうかという話になり、村長さんが私に依頼にみえたということなのでした。

しかし、奥飛騨の山奥にライトアップが似合うかどうかわかりませんし、第一設備的にもできるかどうか見てみないと心配です。早速、現地へ行ってみることにしました。

富山空港からレンタカーを借りて、野越え山越え、いくつもトンネルをくぐって到着した村は、山に囲まれた小盆地の美しいところでした。何だか日本の故郷といった感じです。

さて、夜になりました。ちょうど新月の時なので月明かりはなく、真暗です。私はちょっと心配になりました。というのは、村の民家はすべて木造です。もし夜間に火災が起こったら消火活動ができないと思ったからでした。この村では、自然の光を損なわないようなほのかな明かりと、災害時に村中を明るくする実用的な明かりの二種類の照明が必要だと、私は考えたのでした。

東京に戻って検討を重ねましたが、実現にはいくつもの困難が待ち受けていました。ライトアップは地面に照明器具を置いて照らし上げることが多いのですが、一晩で軒《のき》まで雪が積もる豪雪地帯の白川郷では、この案は不可能です。最小限のポールを建てて器具を取り付けようとしたのですが、世界文化遺産になったばかりのこの村に、新たにポールを建てること

白川郷合掌造り集落

は、文化庁の許可がおりないとのことでした。

それなら、隣の家の軒の下を借りて、順ぐりに隣から隣の家へと照らしていったら良いと考えたのですが、これは電力会社から規則に反すると猛反対に合いました。

ではどうしたらよいのだろうかと困っていた時、峠の見晴し台から村全体を見て、この雪景色を満月の光で見たら、さぞ美しいことかと思ったのを思い出したのです。

「そうだ。月明かりをつくろう」

見晴し台の足許や、川向こうの山の傾面から、村全体に優しくほのかな月明かりのような光が村中に降りそそぐ、「月明かり照明」が完成したのは、それから一年後のことでした。この照明は、十二月から三月までの雪の季節の週末に点灯されます。そして、もし火災などの災害が起こった時には、一斉に点灯され安全に消火や救助活動ができる機能も備わったものとなりました。

浅草寺全景

月明かり照明は有名になり、雪の季節の週末は大勢の観光客で賑わっています。ライトアップが、地域の活性化に寄与した一例となりました。

同じように、照明が地域に活力をもたらした事例として、東京の浅草、浅草寺《せんそうじ》があります。昼間は門前の仲見世通りも観光客やお詣りにくる人々で賑わうのですが、夜になると浅草寺全体が真っ暗なためか、人通りもぱったりと途絶えてしまうのです。

何とか浅草の夜を活性化しようと考えた地元のおかみさんたちが、ある時私の事務所に訪ねてみえました。

「浅草寺をライトアップして、浅草の夜に活気を取り戻したいのです」

おかみさんたちの話を聞き、熱意にほだされて、私はこの仕事を受けることにしました。

地元の商店街の人たちの寄付で賄われることになった

このライトアップには、お金が集まるまでに時間がかかりました。でも、大勢の人たちの期待を担ってやるデザインは、気持ちも引き締まります。

二〇〇三年の秋の夕暮れ、浅草寺の前には大勢の関係者が集まりました。いよいよ点灯の瞬間が近づいて来ます。

「五、四、三、二、一、点灯！」

かけ声の後、スイッチが押されました。本堂、五重塔、宝蔵門が、じわじわと明るさを増していきます。今まで暗かった建物が、赤や黄色の色味を鮮やかに浮かび上がらせています。

「おめでとう！　良かったね」

ライトアップの完成に力を合わせた人たちは、みんな肩をたたきながら喜びました。

浅草の夜は再び明るさを取り戻しました。街にもだんだんと賑わいが戻って来たようです。

私は光が地域に活力をもたらす効果を実感したのでした。

3．光で街が甦る

岡山県の倉敷市は、江戸時代の白壁の土蔵造りの家並みが残る美しい街です。

はじめてこの街を訪れたのは、大学三年生の時でした。私が学んだ東京芸大では、奈良に学生寮がありました。学生はすべて在学中に一カ月近くここに宿泊しながら日本の古美術を学ぶことになっていました。

奈良での勉強を終えた後、私が仲良しの同級生と出かけたのが、姫路城と倉敷でした。二〇〇五年、私は約四十年ぶりに、この街を訪れることになりました。街の昼と夜を見に来て意見を聞きたいという地元の人たちに要請されたからです。

四十年経つと日本の街は驚くほど変わってしまうのが普通です。昔はこんなではなかったのに、美しい街並みだったところに乱雑に建物が建って広告物などが増え、散然としていて嘆かわしいところが多いのです。

ひょっとして倉敷もひどい状況になっているのではないかと、恐る恐る訪れたのですが、倉敷川に沿った街並みは、瓦屋根と白壁の独特な民家が建ち並び、かつて見た景色とまったく同じなのには感動しました。

訊いてみると、この街には「倉敷市伝統的建造物群等保存審議会」という委員会があって、十二人の委員が全員一致でないと新しい建築などの許可がおりないということなのです。

十二人全員が賛成することは稀なので、したがって街並みに新しい建物ができたり、大きな看板が立てられたりすることがないということでした。

倉敷川沿いの街並み

一方、倉敷では年々観光客が減っていく傾向にありました。特に宿泊客が少なくなってきたというので、ホテルや旅館の関係者を中心に夜のライトアップを求める声が大きくなっていたのです。

昼と夜を視察した後、意見を求められた私は、

「柔らかな光で静かなこの街らしいライトアップをするのなら賛成です。きっと美しい陰影に富んだ夜間景観となるでしょう」

と答えました。

地元の人たちが市役所を動かし、私はこの街のライトアップを引き受けました。

まず、審議会にこの案件をかけて討議してもらわなくてはなりません。倉敷の古い歴史的建築物が数多く残っている地区は、新しい建築や造作などをする時、すべてこの審議会にかけるきまりとなっているので、照明もこ

れに従わねばならないのです。

しばらく待っていると、やっと結論が出ました。

「ライトアップをしてもよろしい。ただし、昼間の景色をまったく変えないこと」

すなわち、「昼間、置いてある照明器具が絶対に見えてはならないこと、加えて一年中四季を通して訪れる旅行客のために、道路を掘り返したり、濠の水を抜いたりする工事は禁止」という厳しい条件付きなのです。

こういう条件の許《もと》で、いったいライトアップが可能なのだろうか？　器具はすべて昼間は見えないように隠し、目に付くような工事はやらない――こんな魔法のようなことができるのでしょうか？

現地を丹念に見ていろいろと検討をしました。よく見るとこの街並は、二階に白壁の部分が多いのです。一階は入口や窓の格子が多く、木材に覆われている率が高いので、ライトアップで最も効果を出すには、二階の白壁に光をあてることだと気が付きました。

倉敷川沿いには、クラシックなタイプの街灯が設置されています。

「そうだ、あの街灯の中に小さい投光器を入れて二階の部分を照らそう」

電気に詳しいスタッフにきくと、最新の省エネタイプの光源を使えば、現在の照明の電気容量の中でまかなえるはずとのこと。これなら、新たに配線をする必要はありません。

一階の部分には庇《ひさし》の裏に、当時発表されたばかりのＬＥＤ（発光ダイオード）で、薄い小さな器具を作って柔らかく照らし出します。手のひらに乗るほど小さなものなので、こちらは、庇の横桟《よこざん》のうしろに付ければ、昼はほとんど見えないのです。

街の中心にある観光センターの上部は、公衆便所の屋上にかくすように投光器を置かせてもらい光を当てました。

試験点灯の日、どこからも見えない器具からは、柔らかな静かな光が溢れ出て、街を優しく包み込みました。

「光の霧を纏《まと》ったような照明にしたい」

と考えていた私のアイディアも、予想通り実現しました。

厳しい観察眼を持って、街の景観を守り続けた伝統的建造物群等保存審議会の委員の人たちの難しい条件をクリアしたことに、委員をはじめ市の人たちにも満足してもらえたのでした。

「倉敷の街の夜は、おかげで甦りました」

終始、ライトアップを支援してくれたホテルの社長さんにこうお礼を言われたのは、点灯がはじまって二カ月後のことでした。

「観光客が皆さん喜んでくれています」

旅館の御主人たちからも礼状をいただきました。

光はさまざまな街を甦らせることができるのです。

III 日本の光を広める海外講演

1. ラスベガスでの講演

二〇〇六年の春、私はアメリカ合衆国のラスベガス空港に降り立ちました。ここで開催される「ライト・フェア・インターナショナル」という全米一の大コンベンションの特別講師として招かれたのです。コンベンションというのは、人と物と情報が集まる大展示会といったもので、二十世紀後半から各国で盛んに開かれるようになりました。

「ライト・フェア・インターナショナル」は、数百社の展示ブースが並び、新しい照明器具や光源(光を自ら発するもの)を展示するだけではなく、午前・午後にはたくさんの講演があり、自分に合ったプログラムを見つけて勉強できる仕組みになっています。

招かれた講師はアメリカやヨーロッパの照明関係の著名人で、アジアからは私一人でした。しかも、今回は一日一人だけが行う特別講師だったのです。

私はこれまで、さまざまな国から招かれて、私の照明デザインについて話をする講演を行ってきました。アメリカ合衆国の各都市、ヨーロッパの各都市、オーストラリアや、アジアの都市の照明関係者に私の照明デザインを紹介してきました。

しかし、三時間半という長い時間で、私一人が講師というのは今回がはじめてです。

まず私は、私のこれまでやってきた照明デザインを、映像を用いながら紹介しました。聴衆はほぼ百五十人位で、アジア系やアフリカ系はいなくて、アメリカやヨーロッパの人たちです。

東京の夜景を紹介する映像が始まりました。

「東京タワー――これは東京のランドマークです。このタワーはテレビやラジオの電波塔として四十五年前に建てられました。しかし十五年前に私がライトアップを行って、この塔は生まれ変わりました。夜、暗闇の中に埋もれていた東京タワーに、人々は何も関心を払わなかったのですが、美しい光を浴びて甦った東京タワーは、大勢の人々に感動を与えました。しだいに、東京タワーは東京のシンボルとなっていったのです。テレビや新聞にとりあげられたこのタワーの夜景は、大勢の人々に愛され、光の効果を証明したのです。

東京タワーには二通りの光の衣があります。一つは夏の衣——涼しい冷白色の光を用いてライトアップしています。

もう一つは冬の衣——橙色系の暖白色の光を用いています。このように、二つの光の色を用いて季節感を表わすライトアップは、今まで世界的にみても行われなかったものなのです」

私の説明には、だんだんと熱が入って来ます。話すのは英語です。通訳はほとんどの場合つきません。私の英語は決して上手ではありませんが、伝えることがきちんとあれば、何時間でも話をすることができます。これは、高等学校までに習った英語で十分なのです。いえ、中学校までの英語でも大丈夫かも知れません。

「レインボーブリッジ——これは東京の港にかかる橋です。この橋の照明デザインにはいくつもの特徴がありますが、最も大切なことは、太陽光発電をいち早く取り入れたことです。吊り橋の構造体となっているケーブルについたイルミネーションの四割の電気は、太陽光発電によってまかなわれているのです。一九九三年に竣工した橋に太陽光発電が取り入れられているというのは、世界ではじめてのことです」

「横浜市みなとみらいのグランモール公園——この広場には、世界に先がけて、ＬＥＤ照明が用いられました。広場には一万二千個程のLED光源が埋め込まれていて、蛍の光がゆっくりと点滅をくり返すように、黄緑色のLEDの光は息づくように、優しい光を発するのです。しかも、その光は、同じように広場に埋め込まれた太陽光発電のユニットで発電されているのです」

グランモール公園は、一九八九年に北米照明学会から特別賞をいただきました。アメリカにもヨーロッパにも例のない、まったく新しい照明デザインが、並いる審査員の人たちを驚かせたのでした。

私は光を使って美しい夜景をつくることが、私たち照明デザイナーの使命だと思っています。そして、できるだけ少ないエネルギーで、最大の効果を創るということに腕を競うのです。そして、それにSOMETHING《サムシング》 NEW《ニュー》——何か新しいもの——を加えていきたいと、私はいつも考えています。

2．ビデオを通して

ラスベガスでの講演はまだまだ続きます。プロジェクトを映像で見せながら一時間ほど説明した後には、ビデオを上映しました。これは三十分程に編集されたもので、民放のテレビ番組で放映された後、エア・ラインの国際線の中で上映されたので、英語のテロップがついています。

照明デザインのプロジェクトがどうやってできあがっていくかというプロセスをわかりやすく編集したものなので、外国の人たちにも大変理解しやすいのと、日本の各地の照明が紹介されるので、興味を持って見てもらえると思って、今回の長時間の講演の二番目にもってきたのです。

まず、長崎の都市照明のデザインです。私と私の事務所のスタッフは、長崎市に行って市の人たちの案内で、街の中のさまざまな施設を見てまわります。大浦天主堂や旧英国領事館や出島に復元された歴史的建造物です。次に、江戸時代の石橋やお寺を見た後、グラバー邸や稲佐山の展望台から街全体を見渡します。

さまざまな場所をカメラやビデオに収録し、東京に持ち帰ってから、それらを資料として検討を重ねます。長崎市の中を、何カ所、どこをどう照明するかといった検討です。

旅行客にとって見てまわりやすく、照明の効果が期待できるもので、市民の人たちから見ても納得がいくものでなくてはなりません。

照明するものを決めてから、建物のライトアップのデザインにかかります。人の顔には各々特徴があって、ポートレートを撮るカメラマンはライティングに苦労して、この人らしさを出すようにするのですが、建物のライトアップも同様です。

その建物が最も引き立つ照明を、適切な照明機材を選んで、設置する場所と取り付け方法を検討します。時には、現地で実験を行うこともあります。市役所の人たちだけではなく、市民の代表の人たちが見に来ることも多いのです。

今まで真っ暗だった建物に光があてられると、多くの人々は感動してくれます。特に大勢の人々になじみのある建物は、みんなそれぞれの思い出があるのです。その思い出を光が甦らせてくれることがあります。

次のシーンは、東京湾のレインボーブリッジです。ここでは模型を使っての実験が紹介されます。橋のシルエットを描いた黒いボードに、光ファイバーが埋められています。光源ボックスに入っている電球を点灯すると、その光が光ファイバーを伝って橋のシルエットに沿って輝きます。その光の動きの速さをいろいろと試してみてから、光の動きを決めるのです。

さて、その後紹介されるのは、レインボーブリッジの実際の点灯実験の様子です。私たち観測班は小さな船に救命胴衣をつけて乗り込みます。東京湾は広く、実験の観測をする地点も数カ所あり、船は速度を上げて巡ります。

橋の一部が点灯しました。手渡された実験評価表にチェックを入れていきます。模型では気付かなかったことが、現地実験を行うと現れてくることもあります。この時も、橋柱に変な影をつくる交通標識が問題点として浮かび上がってきました。

さて、長い年月をかけて作りあげてきた橋の照明も完成の時が近付きます。点灯式の夜は、手に汗を握ります。万が一、トラブルが発生したらと思うと、心配でたまりません。それだけに、予定通り無事点灯すると、本当にほっとします。

できあがったライトアップは、私のものではありません。もう、皆さんのものです。私としては、できるだけ大勢の人に好まれてほしい、美しいと思ってほしいと祈るばかりです。

照明デザインのはじめから終わりまで、一部始終を描いた三十分のビデオ作品は、大きな拍手で終わりました。洋の東西を問わず、プロジェクトの進行は、ほぼ同じということなのでしょう。大勢の海外の人たちの共感を得たようです。

3. ワークショップ――光の輪

さて、私の三つ目のコーナーは、ワークショップでした。二時間半も座って講義を聴いているのですから、この辺りで気分転換です。四角に切った十五センチメートル角の和紙や色紙をみんなに渡しました。会場には白色LEDを百球つけた十メートルの長さのイルミネーションを二セット持ち込んであります。

私は日本の伝統的な照明器具を紹介しました。和紙でつくられた提灯《ちょうちん》や行灯《あんどん》です。ろうそくの炎は風が吹くと揺れて消えてしまいます。まわりを和紙で囲めば風よけになるだけではなく、小さな炎の光を和紙全体が明かりとなる全般拡散光に変えます。

日本の古くからある照明器具は、世界的に見ても類のない大変優れたものと、日頃私は考えていたので、日本の明かりの伝統を紹介したのでした。

ワークショップは、みんなで和紙や色紙を折って、小さな照明器具をつくり、白色LEDの上に一つずつ取り付けようというものでした。日本の折り紙のサンプルを見せて参加してもらいました。

みんな一生懸命つくっています。最初にできた人が、LEDのイルミネーションの一つにセロテープでとめ付けました。早くできた人は二つ目をつくっています。

白い和紙をボックスのようにしたもの、色紙と白い紙を貼り合わせてつくったもの、何枚もつないで大きくしたものなど、さまざまなかたちができあがりました。

一時間も経つと、たくさんの小さな照明器具がLEDの光に取り付けられました。

「皆さん、自分の作品のところに立って、イルミネーションを両手で高く持ち上げてください」

参加者全員が自分の作品を両手で持ち上げました。イルミネーションの大きな光の輪が二つ、教室の中にできました。

「二十一世紀は光の時代です。この二つの光の輪のように、みんなで大きな光の輪をつくりましょう。二十一世紀は美しい光の時代となるのです」

と私は言って、みんなに「二十一世紀は光の時代」と一緒に大きな声で言いましょうと呼びかけたのでした。

「二十一世紀は光の時代‼」

大きな声が一つになりました。

いろいろな人が、握手を求めて私のところに来ました。私の講演は何とか成功したようで、私はほっと胸をなでおろしました。

そう、二十一世紀は光の時代！

これからは、もっともっと若い人たちに光の面白さ、楽しさ、美しさを知ってもらいたい、光の世界に入って来てもらいたいと思ったのも、この講演からでした。

終章

明かりの未来と
あなたの未来

Ⅰ　今、明かりは進化の時

1. LEDが拓く未来

照明デザインのはじまりは、エジソンによる電球の実用化からではないか、と私は考えています。光のデザインというのは古くからあったと思いますし、火を光として使っていた頃には、洋の東西で権力者による光の演出がなされました。

ヨーロッパでは太陽王といわれたルイ十四世の治世には、街の大通りの辻々で盛大に篝火《かがりび》を燃やし、輝けるパリを近隣諸国に宣伝したと言われていますし、日本では織田信長が安土城のまわりで松明《たいまつ》をたくさん燃やして、城を夜でも煌々《こうこう》と輝かせて見せたと伝わっています。

火を燃やして光として使った時代の後には、ガス灯が登場しました。ごく一部、ヨーロッパでは外灯として今でも残っているところがありますが、光の調整が思うようにできないのと、屋内で用いた時には酸素が欠乏するため、電気エネルギーにとって代わられました。

一八七八年に電球が発明されると、各国で電球開発の技術競争が展開されました。できるだけ一ワットから出る光の量（ルーメンという単位で表わします）を多くするということと、できるだけ太陽光線に近い光の色味を出すということを追求したのでした。

次に登場したのが、皆さんもよくご存知の蛍光灯です。発明されたのは、一九二〇年代でしたが、一九三〇年代には実用化され、日本では第二次世界大戦が終って十年も経たないうちに売り出され、街中に白い蛍光灯の光が灯るようになりました。

その後、水銀系のガスを封入した水銀ランプが屋外用に登場し、大阪万博ではメタルハライドランプという新しい屋外用の光源がデビューしました。

また、親指位の大きさで、優れた光色を持つハロゲンランプが登場し、演色性(物の色を正しく見せる性質)に秀でているため、商業施設で活躍しました。

照明デザインは、エジソンの電球の実用化の後、次々と開発されたさまざまな光源を駆使して、闇のキャンバスの中に光で絵を描いていくような仕事ですから、そのもの自身から光を出す光源の存在が大変重要であると考えられています。

私も照明デザイナーになってから、たくさんの光源を用いてデザインを行ってきました。電球をさまざまな形に組み合わせてシャンデリアをデザインしたり、蛍光灯に用途に合った反射板を取り付けて効率のよい照明をしたり、メタルハライドランプにレンズをつけて横方向の配光にしたりと、プロジェクトごとにさまざまな工夫を凝《こ》らしながら、新しいデザインをつくってきたのです。したがって、多様な光源があってはじめて、照明デザインは成り立つと思っています。

このように、新しい光源の登場は、私たち照明デザイナーにとって、最もエキサイティングなことなのです。

近年、LED（発光ダイオード）と呼ばれる米粒ほどの小さな光源が出てきました。自動車の内部の計器類や自動販売機などに埋め込まれている標示用が主な用途でしたが、最近では光量が増えたため、一般の照明用としての用途も広がってきたのです。しかも、蛍光灯の半分以下の電気エネルギーで賄えることと、四万時間という長い点灯時間の特徴とあいまって、一躍省エネルギー光源として脚光を浴びています。ちなみに、電球の寿命は千五百時間、蛍光灯は八千時間なので、LEDの四万時間がいかに長寿命かということもおわかりいただけるでしょう。

LED照明は、建築空間に使うだけではなく、信号灯などの交通標識にも長寿命で視認性もよいため用いられていますし、ある波長の赤色LEDは、植物の栽培に適していることがわかって、温室や野菜の育成工場にも使われるようになりました。

私がLEDをたくさん使ったプロジェクトとしては、ここ数年十二月になると開催される

「光都東京 ライトピア」という丸の内や皇居外苑で開催される暮れのイベントです。約八百メートル続く皇居の石垣に純白のLEDを用いて、「光雲」と名付けた光のアート・インスタレーション(芸術性を加味した設置)を行いました。

また、光の強弱を変えたり、色味を調整することが容易な長所を取り入れて、「ジオフィス・ライティングシステム――次世代オフィス照明」を、開発しました。日本のオフィス環境が働く人々にとって、もっと快適であってほしいと願ったためです。

LEDは、今までにできなかったことを照明デザインで可能としています。

LEDの後には、OLED(有機LED――有機エレクトロ・ルミナサンス)という板状に面発光する新しい光源の登場が予測されています。

照明デザインの世界もますます面白くなりそうだと、私はワクワクしているのです。

1990年代の頃　シャンデリアの検査

2. 分化する照明デザイン

私がヨーロッパから帰国して、日本で照明デザインをはじめた一九六八年には、「照明デザイン」という言葉はありませんでした。

以来、私は一生懸命、照明デザインを建築家や一般の人々へ普及させることを目指してきました。と同時に、照明デザインの分野をできるだけ広げようという努力を行ってきたのでした。

私の原点は照明器具のデザインでした。その後、建築照明の分野へと広がっていきました。そして、都市のランドマークや歴史的建造物のライトアップをするようになってからは、そのものだけの単体の照明のみでなく、都市全体の照明計画を行ったりするようになってきました。大きなスケールの都市照明も、私の仕事の範囲となったのです。

一方、私は光のオブジェのデザインもたくさん行いました。一から形をつくっていく光のオブジェは、夜を主眼とした彫刻作品なのです。

光のパフォーマンスも、私が開拓した新しい分野です。一晩だけのものから、数日、一週間、または一カ月続くものもあります。ある特定の場所に光を用いて、新しい時空間を創造するアートと私は位置づけています。

私は照明デザインを開拓していく立場だったので、何でも光を扱うものはすべて自分の仕事の範囲であると考えていました。屋内でも屋外でも、小さな空間から大きな都市まで、スケールもさまざまでしたが、徐々に自分の中にさまざまなスケールが実感として理解できるようになったのです。

1／1——すなわち現寸から、1／10、そして、1／1000から1／5000という単位が、私の実感の中でわかるようになるまでには、もちろん時間がかかりました。この仕事をはじめて四十年以上になりますが、やっと体得できたという感じを持ったのは、十年程前のことです。何事も、体で覚えていくこと、自分の感覚でしっかりととらえていくことには時間がかかるのでしょう。

私はいわば照明デザインの創業者でしたから、手当たりしだい自分ができると思ったことは、何でもやりました。次々といろいろな光の分野に興味が湧いてきて、新しいことに挑戦してきました。

照明デザインが分野として日本でも何とか確立した現在、次の世代の照明デザイナーの人たちには、ぜひ、それぞれの分野をもっと掘り下げてより専門家として深くきわめてほしいと思っています。

建築照明の中でも、公共施設の照明と商業施設の照明では考え方も手法もまったく違います。商業施設照明と一言でいってしまってもホテルとショッピングセンター、専門店ではとても違います。専門店では業種ごとに各々ノウハウがたくさんあるのです。

照明デザインの先進国でデザイナーの数も大変多いアメリカでは、すでに照明デザインの分野も多様にわかれています。

世界展開をしている大きなホテルのチェーンは、何組もの照明デザイン事務所がかかわり、お互いに競争しています。

宝石や時計といった高額商品を主に扱う専門の照明デザイナーもいますし、特に博物館や美術館の展示照明には、熟練の専門家が求められます。

私の知人のアメリカの照明デザイナーには、住宅を専門としている人もいます。テキサスに住むその知人は、主に大邸宅の照明デザインを専門にしています。

日本でもそろそろ自分の個性や興味の対象を絞り込んで、専門領域をより強く追求していく時代になってくるように思えます。

現に、私の事務所でかつてチーフ・デザイナーとして活躍していた伊藤達男さんは、主に商業施設の照明を得意としていて、よい仕事をしています。

病院の照明もとても大事な分野ですので、こういうところにも得意とする照明デザイナーが育ってくれるとよいと思っています。

美術館、博物館の照明も、日本ではまだスペシャリストが足りないためか、ひどい状態に置かれているところがたくさんあります。海外から来る照明デザイナーによく指摘されるところです。

照明デザインの教育も、まだ残念ながら整っていません。照明デザイナーたちが本業の片手間に教えているような状態なのではないかと気になります。

こう書いてみると、改めて照明デザインがまだまだ未整備であることがわかります。しかし、発展途上であることは間違いないことなのです。

3. 世界の照明デザイン

今日のような照明デザインのスタートを切ったのは、都市照明ではフランス、建築照明ではアメリカだと私は考えています。

フランスでは、一九二〇年代に電力会社が電気エネルギーをもっと文化のために使おうと考えたのでした。そこで投光器を積んだトラックで地方の街を巡回し、その地を代表する歴史的な建物に光をあてる催しをしたのです。ヨーロッパの場合、街を代表する歴史的な建物といえば、教会と市役所です。一方は宗教の、もう一方は行政の象徴でもあります。両方とも街の中心に建てられています。

夜空に光を浴びて浮かび上がった教会や市役所を見た市民たちは歓声を上げ感激したということですが、これがきっかけとなって、フランスではランドマークのライトアップが行われるようになりました。この動きはヨーロッパの各国に波及し、なかでもパリ、ロンドン、ブリュッセルといった大都市では一九三〇年代には都市景観照明が行われていたのです。第二次大戦中は、どこの国でもライトアップどころではなかったのですが、戦後二年たった一九四七年にはパリの景観照明は再開されました。

「やっと平和になった！」

という喜びの声が街に溢れ、その夜は市民たちが街に出て夜通し踊り狂ったという記述もあります。

一九七〇年代にはロンドンの景観照明が刷新されましたし、同様にパリをはじめフランスの各都市では景観照明が増えて、夜の観光資源として充実してきました。

こういった背景をふまえて、ヨーロッパでは建築照明よりもむしろ都市景観照明をデザインすることが、照明デザイナーの主な仕事となっています。もちろん、建築照明も盛んで、プロフェッショナル照明デザイナー協会(PLDA)には、現在約三十カ国から約五百名のデザイナーが会員となり、普及活動や交流、そして教育に熱心に取り組んでいます。

一方、アメリカの照明デザインは、建築照明からスタートしました。その元祖とも言うべき人は、リチャード・ケリー氏で、一九四〇年代から著名な建築家と組んで、さまざまな建築の照明デザインを手がけました。私は一九七〇年代初めに晩年のケリー氏を訪ねたことがありますが、建築を学んだ彼にとって、光は大切な存在だったと語っていたのが、印象的でした。

アメリカの場合、どこへ行くにも車という車社会であることと、治安上の問題から、ヨーロッパのように街歩きを楽しむということはありません。したがって、ヨーロッパのように都市景観照明が発達しなかったのでしょう。ニューヨークの超高層ビルの頂部を照らす照明はありますが、これは特別なケースです。

アメリカでは新しい建築が絶えず建てられるのと、アメリカの建築家が海外で活躍するケースも多いために、照明デザイナーの仕事はほとんど建築照明で占められています。

日本に比べると照明デザインの歴史が長いアメリカでは、すでに照明デザインはかなり分化していて、一概に建築照明といっても、ホテル専門であるとか、ショッピングセンター、店舗、住宅と、それぞれ専門分野に特化している人が多いのです。

何でも気軽にコンサルタントを雇う習慣があるアメリカでは、照明デザインを依頼することに、あまり抵抗がないようです。アワリー・ベース(一時間ごとに決められた)の報酬を払ってコンサルテーションをしてもらうことで、住宅の照明が見違えるようになったという話をよく聞きます。

アメリカを中心に国際照明デザイナー協会(ＩＡＬＤ)が設立されており、ここには約四十カ国から約七百名の照明デザイナーが加入しています。

私はこの協会には設立初年度から加わっており、二〇〇五年には特別会員に選ばれています。

日本では、まだ残念ながら照明デザイナーの協会は設立されていません。照明デザイナーの数は確実に増えていて、フリーランスの照明デザイナーが全国で百名を超したと思います。照明メーカーのデザイン部に所属している人の数を入れたら、数百人の人が照明デザインに従事しているといえましょう。

4．照明デザイナーになるには？

これまで、私の今までの仕事を含めて、照明デザインについていろいろと述べてきました。ここまでお読みになった読者の方の中で、ひょっとしたら自分は照明デザイナーに向いているのではないかとか、私は照明が好きなので照明デザイナーに将来なりたいと思う方がいるかもしれません。そんな方のために、照明デザイナーになるには、どうしたらよいのかということを、この項ではお話ししたいと思います。

残念ながら日本では、まだ照明デザインだけを専門に教える学校はありません。しかし、大学や専門学校でデザイン学科のあるところでは、照明デザインを科目の中で教えているところがあります。実際に照明デザインを仕事としている照明デザイナーが、独自のプログラムで教えています。

東京芸術大学や武蔵野美術大学では、インテリアや環境系の科目の中に一部、照明デザインの講座が入っています。多摩美術大学や長岡造形大学でも同様です。私の事務所に長年勤めてチーフ・デザイナーになってから独立した、近田《ちかだ》玲子さん、伊藤達男さん（前述）、冨田泰行さん、内原智史《うちはらさとし》さんは、みんな良い仕事をしていますが、教育にも熱心に取り組んでいて、各大学で指導をしています。しかし残念ながら、単年度や特別講義といったものです。

建築照明で活躍している面出《めんで》薫《かおる》さんも、長い間さまざまな教育機関で教えています。その他、東海林《しょうじ》弘靖さん、武石正宣さん、東宮《とうみや》洋美《ひろみ》さんたちも、単年度の講座を持って、工夫しながら、照明デザインについて教えています。残念ながら、照明デザインを一貫して教えるところはないようです。

そこで学ぶことはもちろん有意義なことですが、それはほんの入口です。照明デザインの分野の扉を開けて中をのぞき見たといったところでしょう。

私の事務所には、よく照明デザイナーになりたいという問い合わせや、弟子入りしたいという要望をいただきます。そういう方たちには、私はまずデザインの基礎をきちんと学校で学んでから来てくださいと言っています。

インテリア・デザイン、プロダクト・デザイン、室内デザイン……と学校によってデザインの分類はまちまちですが、どんなカテゴリーのデザインでもよいので、「デザイン」と名のつく学科で最低四年間は、しっかりと勉強してほしいと思います。

デザインは、普遍的なもので、世界共通の言語です。世界のデザイン教育は、ドイツのバウハウスの教育から出発していると考えられますが、アメリカではそれが社会のニーズに合わせて実務的で技術的なものとなり、フランスやイタリアでは、アート性や個性を重視する教育となっています。ドイツでは、今もバウハウス流の機能から出発した美しさを教えることが主眼となっているようです。

私の娘で、今は照明デザイナーとなって、パリを拠点に活動している石井リーサ明理は、二十代の前半に厳しい教育で当時有名だったパリのデザイン学校で学びました。同時に十以上の課題をこなし、遊ぶ暇どころか眠る時間も削るような毎日でしたが、学生の個性――すなわち何が作りたいのか、何を美しいと思うのか――ということを大切にしながら、デザインの普遍的なボキャブラリーである、プロポーション、色彩、テクスチュア、陰影や濃淡、バランス等をきちんと体得できるように教えていました。

その学校では、コンピュータを使うことは、あくまでも最後の仕上げの時のみで、すべての作業は手でやるようにということも厳しく言われたという話をきいて、私は人いに同感したものでした。

コンピュータはあくまでも、あなたの道具なのです。自分が創造したいものは、まず手で描くという訓練は、人類が何万年という長い時間をかけて培ってきたことなのです。

さて、話を照明デザイナーになることに戻しましょう。私の事務所では、そうやってデザインの基礎を学校で学んできた人に門戸を開いています。そして、まず研究生として入社してもらい、実地にさまざまなことを覚えてもらってから、正式な所員になるというやり方を採用しています。

これまで、私が事務所を開いてから、大勢の若い人たちを迎え入れました。ある人は十年以上勤めた後、独立してフリーランスの照明デザイナーとなって活躍しています。また、ある人は途中で挫折して、その後はまったく違う道を歩んでいます。

私の事務所を巣立った人たちを見ていると、やはりデザインの基礎をきちんと勉強した人が、その上で照明の技術を学び、両方を合わせて照明デザインに取り組むことが良いように思います。

一方、デザイン科を卒業して、照明メーカーに入るコースもあります。特にしっかりした企業だと、入社後にきちんとした教育システムがあるので、そこで照明の基礎が学べます。そして、実際にさまざまなプロジェクトを経験して、一人前の照明デザイナーに育っていくわけです。そのまま企業で優秀なインハウス・デザイナー(社内デザイナー)となって活躍している人も大勢います。

今、東京でフリーランスの照明デザイナーとして、独立して仕事をしている照明デザイン事務所はかなりの数にのぼりますし、関西圏や福岡圏で活動しているところも増えています。

そういった照明デザイン事務所に入って、修業をすることも方法でしょう。あなたが優秀で誠実な人なら、恐らく基礎を身につけた後、すぐにさまざまなプロジェクトで活躍できる場をもらえることになるでしょう。

ともあれ、照明が好きな人、何か美しいものをつくりたい熱意のある人、そして、何よりも新しいことにチャレンジしたい人は、大歓迎です。

Ⅱ　未来を生きるあなたへ、伝えたいこと

1. 自分を信じよう

将来何をしたいかわからない、自分が何に向いているのかわからない、未来は何となく暗そうで心配だ……。

何だか自分でもわからないモヤモヤの心配ごとで、自分の未来は暗いと思っている人が多いようです。

もし、あなたがそんな一人だったら、私はあなたに「自分を信じよう！」と声をかけたいのです。

この本の中でも述べましたが、私がはじめて照明と出会ったのは、大学を卒業して二年目のことでした。自分がデザインした照明器具に光が灯った時、私は感動したのです。

「何て光って素晴しいのだろう！　この光で形も色もわかる。部屋全体がこの光で支配される！」

こう強く思ったのが、私の出発点でした。光をもっと学ぶために、私は北欧とドイツへ行きました。

帰国してからさまざまな苦労の末、私は何とか「照明デザイン」を自分の仕事としてスタートさせました。その原動力となったのは、「光って素晴しい！」という自分の感動でした。「こんな素晴しいものを、人が理解しないはずはない」というのが、私の活動のエネルギー源だったのです。

「ライトアップ」は、今では誰でもわかる一般的な言葉となりました。でも、私がはじめて京都市でライトアップの実験に取り組んだ一九七八年には、そんな言葉は誰も知りませんでした。二条城や平安神宮に光をあてた時には、道行く人々には映画かテレビのロケーションと思われたのでした。

そして、その後八年間、私は全国でライトアップ・キャラバンという活動を手弁当で行ってきましたが、これを支えたのは、光を浴びて浮かび上がった二条城の隅櫓《すみやぐら》と平安神宮の朱色の楼門《ろうもん》の美しい姿でした。

光によって、こんなに美しい景観がつくれるということに、まず自分自身が感動したから、ライトアップ・キャラバンを続けることができたのだと思います。

自分がこんなに美しいと感動したことは、人もそう思うに違いないと、私は心の中で確信していました。まして、それを実現させるためにかかる費用は決して大きくないのです。大勢の人々が共感してくれるはずだというのが私の信じたことでした。

結果、その後の二十年の中で、私は東京タワーやレインボーブリッジ、函館や長崎の夜景など、たくさんのプロジェクトにかかわることができました。

でも、思い返してみると、それらの原点は、一つの照明器具から出た光に感動したことでした。

今日の各都市で見られるライトアップのはじまりは、私が京都市に受け入れられなかったために実行した、ライトアップ実験だったと思っています。

自分が美しいと思ったことは、人も美しいと思うのです。

自分が感動したことは、人も感動させるのです。

ですから、自分が美しいと思ったこと、自分が感動したこと――そういう自分の感じたことを、どうぞ素直に信じてみてください。

きっと、それらはあなたがこれから漕ぎ出す未来の海の、あなたの小さな舟の行き先を照らす篝火《かがりび》となってくれることでしょう。

2. 世界の中の日本

今、日本は、とても豊かで美しい国になってきたと私は思っています。第二次世界大戦を幼い頃に経験した私は、モノがない時代を知っています。戦争中は、いつもお腹が空《す》いていました。戦後は、ほしくても本もお菓子も買えなかったのです。なぜかというと売っていなかったからです。

現在ではそんなことは嘘のように、街の本屋さんにはたくさんの本が並んでいるし、スーパーに行けば、驚くほど多くの種類のお菓子が棚いっぱいに並んでいて、どれを買ってよいかわからないほどです。

私が小学校の頃、東京の街はほとんど舗装されていませんでした。雨が降ると長靴をはき、それでも泥ハネがスカートの裾を汚しました。家の前にはドブ(雨水や下水の流れる側溝)があって、毎月一回近所の人たちが総出で掃除をしたものです。

今は、東京では住宅地の小さな道でも舗装されているし、家の前のドブは暗渠《あんきょ》になって下水管として埋められています。

そして、何よりもありがたいのは、日本が平和なことです。テレビのニュースでイラクやアフガニスタンの映像を見ると、地球上にはかつての日本のように戦争に苦しんでいる人たちがいると、心が痛みます。

空襲警報もなく、いつ大事な父親が戦争に行ってしまうこともない、この平和な日本は、本当に幸せなことだと思うのです。

しかし、こういったことは、すべて当たり前で、何か自分にこもりがちな人が目につきます。

最近、若い人たちに海外志向がなく、日本にこもりたがるという話をよく聞きます。自分にこもるのと同じように、日本の中にこもるのは、本当に残念なこと

仕事場で

です。

世界の人口の中で、日本人はたった二%なのです。私の若い時には、海外へ行くことが大変でした。今はいつでもどこにでも自由に行くことができます。

世界の中の二%の国に留まっていては、何も見えません。たくさんのものを見て、大勢の人に会って、文化の違い、考え方の違い、風土や歴史の違いといったさまざまな相違に目を向けてみましょう。

日本の中だけで見えていた自分、感じていた自分と、きっと随分違った自分が出現することになるでしょう。

つい先頃、私は上海へ招かれて行って来ました。上海ではこれまで、私はいくつもの仕事をしてきました。市の新しい金融特区——浦東《ほとう》地区という広大な地域の基本照明をやりましたし、アジアで一、二の高さを誇る百一階建ての超高層ビルの外観照明もデザインしました。今は、郊外の歴史地区の照明や、日本で行う光イベントの新しい光素材の開発をしています。

上海の半導体照明中心(LED照明センター)の顧問もしていて、そんな関係から二〇一〇年に開催の上海万博の会期中いつでも入場できる無料パスも貰っています。

上海へ行くと、人々の明るい顔つき、繁華街の大通りを埋め尽くす人波、レストランで声高に話す人の声など、熱気に満ちていて、私まで元気になります。

みんなが将来に明るい希望を持って、元気いっぱいな人に満ちている国がすぐ隣にあるのです。羽田空港から沖縄の那覇に行くのと、ほぼ同じ時間で到着する上海の浦東空港は、壮大な新しいデザインの大空港です。空港から浦東地区まではリニア・モーターカーが空を飛ぶように走り、時速三百六十キロメートルというスピードで、あっという間に到着します。

残念ながら、日本はこの十年で、すっかり世界の中で遅れをとってしまっているようです。

その中で若い人たちが、日本の中にこもってしまうようでは、ますます将来は暗いものになってしまいます。

世界の中での二%の国は、あなたが生まれ育ったところ。素晴しい自然と文化に恵まれた豊かな国ではありますが、その中で物事を見ているだけではいけないのです。

日本に立脚しながら、世界を見渡す目を持つためにも、外へ出て自分を鍛《きた》えてください。

そして、いろいろなことを感じ、共感しながら、新しい道を見つけてほしいと思います。

あとがき

若い人に向けて、私が歩んできた道のり——特に中、高校生から大学生、そして、照明デザイナーを目指して学んだ若い頃のことを書いてほしいという御依頼を受けてから、私は自分のメッセージも込めて、書き綴ってきました。

思えば私たちの世代は第二次大戦の戦前、戦中を体験し、そして戦後の貧しい時代から、高度成長を経て二十一世紀に至るという、きわめて変化に富んだ激動の時代を見ています。特に、幼い頃に体験した戦争からは、様々な影響をその後の人生の歩みの中で受けているでしょう。日本の長い歴史の中でみても、私たちの世代は特別な年月の中で育ったといえるのかもしれません。

そんな中で一生懸命生きてきた体験は、平和で豊かになった時代に育った読者の皆さんには、解らない面も多くあるかもしれませんが、歴史は続いているのです。今日という時代は、昔から続く時でもあります。時間という縦糸を繰《く》って今をたぐりよせ、次なる時代を考えてみて下さい。

今、様々な分野が専門化され、横の見通しが悪くなっているように思えます。光の世界も驚くほど多岐に分かれていて、医学や生物への応用など、私には別の世界のようです。

そういう複雑に分化された時代だからこそ、将来の進路をさがしてきめていくのが困難なのかもしれません。でも、どうぞ、自分の五感と直感を信じて目指す道を進んで行って下さい。

私が照明デザインをはじめてから今年で四十五年になりますが、これまでのことよりもこれからの方に関心があります。今迄創ってきたものよりも、今から創るものにより大きな関心があるのです。

道はまだまだ続きます。新しい光も続々と誕生します。そういう時に出会えたということを私は感謝しています。新しい光と生きる旅をこれからも続けて行きます。皆さんにまた何処かで、私が創った光のデザインを見ていただけることでしょう。

この本の執筆の御依頼を受けてから、私は常に三十以上のプロジェクトに携わりながら、少しでも空いた時間に一字一字自分の手で書き続けてきました。新幹線の中や飛行機の機内で、時には出張先のホテルで書き綴ってきたのです。そんなわけで、ずい分と時間が経ってしまいました。

その間お待ちいただいた岩波書店の山本慎一さんと、(有)アトミックの祐川巨望さん、沖津彩乃さんには、心より感謝しています。

最後までお読みいただいて、本当に有難うございました。

二〇一〇年七月九日
上海から羽田へ向かう機内にて
石井幹子

石井幹子

都市照明からライトオブジェや光のパフォーマンスまで幅広い光の領域を開拓する，日本を代表する照明デザイナー．国内のみならずヨーロッパ，アメリカ，中近東，東南アジアでも活躍．近年は世界各地で大がかりな光演出照明にも取り組む．東京芸術大学卒業．フィンランド，ドイツの照明設計事務所勤務後，石井幹子デザイン事務所設立．国内外で受賞多数．2000 年，紫綬褒章受章．
作品集に『光時空』，『光未来』，『光創景』，著書に『新・陰翳礼讃──美しい「あかり」を求めて』，『光の 21 世紀』などがある．また光文化フォーラム代表として，日本の光文化の継承と発展にも力を注いでいる．

光が照らす未来
──照明デザインの仕事　　岩波ジュニア新書 666

2010 年 10 月 20 日　第 1 刷発行
2018 年 3 月 15 日　第 5 刷発行

著　者　石《いし》井《い》幹《もと》子《こ》

発行者　岡 本　厚

発行所　株式会社 岩波書店
〒101-8002 東京都千代田区一ツ橋 2-5-5

案内 03-5210-4000　営業部 03-5210-4111
ジュニア新書編集部 03-5210-4065
http://www.iwanami.co.jp/

印刷・精興社　製本・中永製本

ISBN 978-4-00-500666-3　　Printed in Japan

岩波ジュニア新書の発足に際して

きみたち若い世代は人生の出発点に立っています。きみたちの未来は大きな可能性に満ち、陽春の日のようにひかり輝いています。勉学に体力づくりに、明るくはつらつとした日々を送っていることでしょう。

しかしながら、現代の社会は、また、さまざまな矛盾をはらんでいます。営々として築かれた人類の歴史のなかで、幾千億の先達《せんだつ》たちの英知と努力によって、未知が究明され、人類の進歩がもたらされ、大きく文化として蓄積されてきました。にもかかわらず現代は、核戦争による人類絶滅の危機、貧富の差をはじめとするさまざまな人間的不平等、社会と科学の発展が一方においてもたらした環境の破壊、エネルギーや食糧問題の不安等々、来るべき二十一世紀を前にして、解決を迫られているたくさんの大きな課題がひしめいています。現実の世界はきわめて厳しく、人類の平和と発展のためには、きみたちの新しい英知と真摯《しんし》な努力が切実に必要とされています。

きみたちの前途には、こうした人類の明日の運命が託されています。ですから、たとえば現在の学校で生じているささいな「学力」の差、あるいは家庭環境などによる条件の違いにとらわれて、自分の将来を見限ったりはしないでほしいと思います。個々人の能力とか才能は、いつどこで開花するか計り知れないものがありますし、努力と鍛練の積み重ねの上にこそ切り開かれるものですから、簡単に可能性を放棄したり、容易に「現実」と妥協したりすることのないようにと願っています。

わたしたちは、これから人生を歩むきみたちが、生きることのほんとうの意味を問い、大きく明日をひらくことを心から期待して、ここに新たに岩波ジュニア新書を創刊します。現実に立ち向かうために必要とする知性、豊かな感性と想像力を、きみたちが自らのなかに育てるのに役立ててもらえるよう、すぐれた執筆者による適切な話題を、豊富な写真や挿絵とともに書き下ろしで提供します。若い世代の良き話し相手として、このシリーズを注目してください。わたしたちもまた、きみたちの明日に刮目《かつもく》しています。(一九七九年六月)